Manager Manipulieren

Matthias Wölkner

Manager Manipulieren

Lug und Trug
im Management

... aber richtig: Damit Ihre Mitarbeiter endlich das tun, was Sie von ihnen erwarten

Impressum

ISBN: 978-3-937677-07-1

Verlag:
Deutscher Kommunikations Verlag
Ahornweg 14
71155 Altdorf
http://www.d-k-verlag.de

Bibliografische Information der Deutschen Nationalbibliothek:
Die Deutsche Nationalbibliothek verzeichnet diese Publikation in der Deutschen Nationalbibliografie; detaillierte bibliografische Daten sind im Internet über http://dnb.dnb.de abrufbar.

Inhaltsverzeichnis

Vorwort: Der Traum jedes Vorgesetzten

Mitarbeiter sind lästig. Mitarbeiter machen selten oder nie, was man(ager) ihnen sagt. Fragt man Führungskräfte, welche hochfliegenden beruflichen Träume sie haben, fällt früher oder später unvermeidbar der Satz: „Aber im Grunde wünsche ich mir bloß, dass meine Leute endlich das tun, was ich von ihnen erwarte! Und möglichst ohne dass ich es erst hundertmal sagen muss!“

Wäre es nicht schön, wenn Ihre Mitarbeiter endlich täten, was Sie ihnen sagen und dies schnell, eigenverantwortlich und ohne dass Sie es ihnen erst dutzendmal haarklein erklären müssen?

Die Realität sieht anders aus. Hört man Führungskräften beim Glas Rotwein zu, gewinnt man den Eindruck, dass der durchschnittliche Mitarbeiter der Horror auf zwei Beinen ist: unselbstständig, unfähig mitzudenken, passiv, lustlos, wenig kreativ und sich in endlosen Meetings auf Firmenkosten unproduktiv die Zeit um die Ohren schlagend. Mitarbeiter, die nur mit unerhörter Anstrengung zu dem zu bewegen sind, was von ihnen erwartet wird. Kein Wunder, dass sich viele Vorgesetzte bei der Mitarbeiterführung vorkommen, als ob sie einen Tanklastzug die Zugspitze hoch schieben müssten: viel Aufwand, wenig Bewegung. Kein Wunder auch, dass jeder Vorgesetzte, ob ihm nun zwei oder 20 000 Mitarbeiter unterstellt sind, von der Antwort auf die Frage träumt:

Wie schaffe ich es, dass meine Mitarbeiter schneller und effektiver das tun, was ich von ihnen erwarte?

In meiner Zeit als Geschäftsführer habe ich in Büchern und Seminaren nach Antworten auf diese Frage gesucht. Ich habe keine gefunden, obwohl es Berge von Büchern gibt, in denen Hunderte Motivationsmethoden dargestellt werden – aber mal unter uns: Kennen Sie einen einzigen Manager, der eine dieser Supermethoden anwendet? Mit Zufriedenheit und Erfolg? Warum nicht? Weil das Niveau dieser Techniken entweder „Tschaka!" ist; also sehr pragmatisch und langfristig wirkungslos. Oder weil das Niveau so hoch wissenschaftlich, intellektuell und komplex ist, dass kein Praktiker damit etwas Sinnvolles anfangen kann. Die Praxis ist schon komplex genug. Wer braucht da Techniken, die sie noch komplizierter machen?

Das Resultat dieser Notlage: In der Führungspraxis motiviert kein Mensch. Nicht erst seit Sprenger wissen wir: Es wird nicht motiviert. Es wird manipuliert; auch und gerade weil einem nicht geringen Prozentsatz von Vorgesetzten der Unterschied zwischen beidem nicht geläufig ist. Die meisten Führungskräfte verabscheuen Motivation geradezu: „Motivation ist nur was für Weicheier! Ich bin der Boss, also müssen die Leute tun, was ich sage!" Diesen Spruch höre ich in frappierender Regelmäßigkeit in Führungstrainings und Coachings. Unverhohlen geht es Führungskräften darum, Mitarbeitern etwas „reinzudrücken", sie von etwas zu „überzeugen", was diese nicht immer und unbedingt (machen) wollen.

Wer über Motivation reden will, muss bei der Manipulation beginnen – denn das ist es, was Millionen Führungskräfte täglich tun. Es nützt dabei gar nichts, zu behaupten, dass Manipulation etwas Schlechtes sei. Das mag zwar moralisch gerechtfertigt sein, doch das interessiert offenkundig Millionen Führungskräfte nicht sonderlich. Wer eine moralische Diskussion anzettelt, bringt die Rat suchenden Manager nicht weiter. Denn Führungskräfte geben ihre Manipulation nicht einfach auf, nur weil sie moralisch angreifbar ist – was bliebe ihnen dann noch an Führungsinstrumenten? Drohung? Bestechung?

Nein, die Verletzung der Menschenrechte durch Manipulation ist, so hart das klingt, kein hinreichender Grund für deren Aufgabe (der Manipulation, nicht der Menschenrechte – Scherz am Rande). Es gibt einen viel triftigeren Grund dafür:

> *Die Manipulation der Mitarbeiter funktioniert nicht.*

Oder kennen Sie auch nur einen einzigen Fall, bei dem Manager zum Beispiel behaupteten, „Wir müssen keine Leute entlassen!" (eine der beliebtesten Manipulationen, s. Kapitel 2) und die komplette Belegschaft darauf herein fiel? Das funktioniert nicht. Wie schon Abraham Lincoln sagte: Du kannst *alle* Leute *manchmal*, *manche* Leute *immer*, aber niemals *alle* Leute *immer* hinters Licht führen. Die Manager-Lüge als eine der beliebtesten Manipulationsmethoden funktioniert wie die Rentenlüge inzwischen nur noch bei rund 20 Prozent der Adressaten – und dazu noch bei den falschen: Die High Potentials unter den Mitarbeitern riechen die Manipulation und sehen sich nach einem neuen Job um, bevor die Lüge sich als solche und die Manipulation sich als gescheitert herausstellt.

Trotzdem begegnen Sie, wenn Sie nachher den Wirtschaftsteil der FAZ aufschlagen, der Manager-Lüge garantiert ein halbes Dutzend Mal in wechselnden Kontexten und Variationen, in Pressemitteilungen und Bilanzberichten. Obwohl inzwischen jeder Manager weiß, dass sich nun wirklich nur noch die Allerdümmsten davon manipulieren lassen. Warum verwenden Manager wider besseres Wissen unwirksame Manipulationsmethoden? Warum verschwenden sie ihren Atem auf ineffektive Verbalakrobatik? Weil sie keine Alternative haben: Sie kennen nichts Anderes, sie kennen nichts Besseres. Dem wollen wir abhelfen:

> *Wenn Sie schon manipulieren, dann manipulieren Sie richtig.*

Wie erkennen Sie eine wirksame Manipulation? An einem einzigen Kennzeichen: Sie wirkt. Für jede beliebte und verbreitete Art der Manipulation, wie die Manager-Lüge, die nicht wirkt, gibt es (mindestens) eine wirksame Manipulationsmethode, die zuverlässig wirkt. Meist ist sie sogar noch einfacher, schneller und leichter anzuwenden als die unwirksame Manipulation – wie es so oft im Leben der Fall ist: Das wirklich Geniale ist sehr einfach. Sonst würde es nicht so gut funktionieren. In den folgenden Kapiteln

- betrachten wir die beliebtesten Manipulationen der Manager
- beleuchten die Gründe für ihr Scheitern
- erkennen Sie, wie wirksame Manipulation funktioniert und
- bemerken verblüfft, dass wirksame Manipulation meist beiden nützt: dem Manipulateur und dem Manipulierten.

Insbesondere der letzte Punkt klingt unglaublich? Denken Sie an ein Baby: Es hat Hunger. Es schreit. Die Mutter stillt es. Beide lächeln beglückt. Man braucht einen scharfen Verstand, um das als wirkungsvolle Beeinflussung der Mutter durch das Baby zu erkennen, aber das ist es im Grunde – und: Beide sind glücklich damit. So funktioniert Manipulation.

Klingt lächerlich einfach? Ist es auch. Richtig manipulieren ist einfach – sofern man weiß, wie's geht. Wollen Sie's wissen?

1 Manager überzeugen – nicht

Überzeugen, überreden, argumentieren – alles umsonst

Die Zeiten, in denen Mitarbeiter das taten, was man ihnen auftrug, sind lange vorbei. Der Fertigungsleiter eines Elektronik-Unternehmens sagt: „Ich habe mal nachgezählt. Wenn ich von meinen Mitarbeitern eine Aufgabe erledigt haben will, die etwas über die übliche Routine hinausgeht, ernte ich in sieben von zehn Fällen erst mal Einwände, Skepsis, Widerspruch oder diese stummen Blicke, wo ich genau weiß: Der macht das jetzt zwar – aber wie er das macht, kann ich mir lebhaft vorstellen: halbherzig."

> *Der rebellische, skeptische und passive Mitarbeiter ist nicht die Ausnahme, sondern der Regelfall.*

Kaum eine Führungskraft nimmt es krumm, wenn ein Mitarbeiter mal skeptisch guckt. Doch wenn die meisten Mitarbeiter das *ständig* tun, sorgt es mit der Zeit für den Frust, den zu viele Führungskräfte derzeit erleben. Eine Innendienstleiterin sagt: „Egal, was ich vorschlage – der Großteil der Mitarbeiter winkt erst mal ab. Oft sogar noch, bevor sie gehört haben, was ich möchte. Das ist ganz schön frustrierend." Wie gehen Führungskräfte mit dieser Situation um? Wie gehen Sie mit dieser Situation um? Eine der am häufigsten eingesetzten Methoden: Man versucht eben, den unwilligen Mitarbeiter davon zu *überzeugen,* dass das, was nötig ist, nötig ist:

„Herr Maier, machen Sie doch bitte mal ... “
„Och, muss das jetzt sein? Ich bin bis oben zu. Außerdem: Das bringt doch nicht viel. Das haben wir doch schon mal versucht.“
„Was reden Sie denn! Denken Sie an unsere Kunden! Wie sollen wir denn sonst unsere Umsatzziele erreichen?“

Kundeninteressen, Umsatzziele – überzeugende Argumente, nicht wahr? Tatsächlich gibt der Mitarbeiter seine Einwände auf und trabt pflichtschuldig von dannen. Hat der Vorgesetzte ihn überzeugt? Unerfahrene Führungskräfte glauben das tatsächlich. Sie wissen nicht, dass in sieben von zehn Fällen der Mitarbeiter schnurstracks zu seinen Kollegen läuft und sagt: „Der Alte spinnt mal wieder. Stellt euch vor, was er sich jetzt wieder ausgedacht hat ... Und als ich ihm sagte, dass das nicht geht, kam er gleich mit Kundenorientierung, Umsatzzielen und anderem Blödsinn.“ Und mit dieser Einstellung geht er an die Aufgabe heran, die Sie ihm aufgetragen haben. Sie können sich vorstellen, was dabei herauskommt. Wir lernen also:

> *Wenn ein Mitarbeiter keine Einwände erhebt, heißt das noch lange nicht, dass er tut, was Sie ihm sagen.*

Wer schweigt, ist nicht unbedingt einverstanden oder gar leistungswillig. Leider müssen wir erkennen:

> *Mitarbeiter zu überzeugen bringt nichts. Überzeugen überzeugt nicht wirklich.*

Überzeugen überzeugt nicht

Warum überzeugen einen normalen Mitarbeiter logische Argumente nicht? Warum motivieren ihn weder Kundenorientierung noch Umsatz oder Rendite? Aus einem einfachen Grund: Weil jeder geistig gesunde Mitarbeiter diese plumpe Manipulation auf den ersten Blick durchschaut:

> *Mitarbeiter durchschauen „überzeugende Argumente" sofort als Manipulation.*

Das sagen sie auch gegenüber ihren Kollegen: „Stellt euch vor, was der Alte sich jetzt wieder ausgedacht hat ... Und als ich ihm sagte, dass das nicht geht, kam er gleich mit Kundenorientierung, Umsatzzielen und anderem Blödsinn." Warum funktioniert diese Manipulation nicht? Warum „ziehen" diese Argumente nicht?

Gegenfrage: Was juckt den Mitarbeiter die Kundenzufriedenheit? Sie ist zwar eines der beliebtesten Manipulationsmittel von Führungskräften – doch der Mitarbeiter denkt sich dabei nur: „Ich bin total überlastet, habe Stress mit der Dispo, ein Kollege ist krank – und der Chef kommt mir mit Kundenzufriedenheit! Wer kümmert sich denn um *meine* Zufriedenheit? Kein Schwein! Also warum sollte ausgerechnet ich mich um Kundenorientierung (Rendite, Kosten, Umsatz, ...) kümmern?" Oder wie ein Mitarbeiter aus einer Fertigungsstraße eines Kfz-Herstellers mal sagte: „Was gehen mich die strategischen Unternehmensziele an? Ich kriege mein Gehalt auch so."

> *Was Sie überzeugt, überzeugt Mitarbeiter nicht.*

In den meisten Unternehmen sagen die Mitarbeiter hinter vorgehaltener Hand: „Ich kann Kundenzufriedenheit schon nicht mehr hören!“ Warum nicht? Weil Mitarbeiter diese „vernünftigen und überzeugenden“ Argumente als das erkennen, was sie sind: blanke Manipulation. Natürlich fällt es jeder Führungskraft schwer, das einzusehen. Was ein Vorgesetzter für „überzeugend“ hält, halten Mitarbeiter meist für manipulativ. Und das liegt durchaus in der Absicht eines Vorgesetzten: Mit dem Hinweis auf die Unternehmensziele und die Kundenorientierung soll der Mitarbeiter zu etwas überredet werden, was er von sich aus nicht tun würde. Leider funktioniert das nicht besonders gut, wie wir alle täglich erleben. Warum versuchen Führungskräfte dann trotzdem, Mitarbeiter zu überzeugen?

Warum überzeugen Führungskräfte?

Sehen Führungskräfte nicht, dass Überzeugen nicht überzeugt? Doch, sie sehen es recht wohl – denn sie leiden ja unter den mangelnden Ergebnissen ihrer Überzeugungsarbeit. Warum lassen sie's dann nicht einfach? Weil sie in einer Zwickmühle stecken. Als Alternative zur Überzeugung sehen viele Vorgesetzte eben nur die Drohung. Wenn der Vorgesetzte in unserem Beispiel hätte drohen wollen, hätte er gesagt: „Wenn die Kunden nicht zufrieden sind, sind Sie Ihren Job los!“ Diese Brachialmethode verstehen die meisten Führungskräfte als *üble* Manipulation. Und weil, im Gegensatz zur landläufigen Meinung, es ausgesprochen wenig Sadisten unter Managern gibt, möchte diese Art der Manipulation fast jeder Vorgesetzte vermeiden.

Deshalb setzt der Vorgesetzte in unserem Beispiel auf die weiche Tour: Nicht, weil er von der weichen Tour überzeugt wäre, sondern weil sie ihm als einzige Alternative zur Brachialmethode erscheint. Deshalb appelliert er an die Einsicht des Mitarbeiters. Deshalb versucht er, ihn zu überzeugen.

> *Führungskräfte überzeugen nicht, weil sie das überzeugend finden, sondern weil sie nicht drohen wollen.*

Der Vorgesetzte denkt: Wenn der Mitarbeiter erkennt, wie wichtig Kundenzufriedenheit, Umsatz, Kosten, Rendite oder der Shareholder Value für seine eigene und die Zukunft des Unternehmens sind, wird er die gestellte Aufgabe sicher engagiert angehen! Tut er das? Pustekuchen. Und warum nicht? Weil der Vorgesetzte
A) zwar von der harten auf die weiche Tour wechselt (er überzeugt, statt zu drohen)
B) dabei jedoch übersieht, dass die weiche Tour den Mitarbeiter nicht interessiert.

Dieses Resultat wirkt auf Vorgesetzte in Trainings und Coachings geradezu schockierend: „Was? Wo ich doch extra die große Keule stecken lasse – ja honoriert der Mitarbeiter das denn überhaupt nicht?“ Offensichtlich nicht.

Weil es nicht weh tut

Warum honoriert der Mitarbeiter die weiche Tour nicht? Warum hört er nicht auf „überzeugende“ Argumente? Warum sieht er nicht ein, dass Umsatz, Kosten, Gewinn und Kundenzufriedenheit wichtig für ihn und das Unternehmen sind? Weil es ihm nicht weh tut. „Denken Sie doch an den Kunden, die Kosten, unseren Marktanteil!“ Tut ihm das weh? Nicht die Bohne. Das tut (vielleicht) dem Chef weh – aber dem Mitarbeiter ganz offensichtlich nicht (sonst würde er sich überzeugen lassen).

> *Warum hört der Mitarbeiter nicht auf vernünftige Argumente? Weil vernünftige Argumente nicht wehtun.*

Der Mitarbeiter ist nicht das Unternehmen. Was dem Unternehmen weh tut, tut dem Mitarbeiter nicht (unbedingt) auch weh. Und warum sollte ein Mensch etwas tun, wenn's ihn nicht schmerzt, es nicht zu tun? Menschen bewegen sich unter anderem erst dann, wenn's weh tut. Typisches Beispiel: Die meisten Menschen gehen erst zum Arzt, wenn der Schmerz kaum mehr auszuhalten ist. Vorher hat schon die ganze Familie versucht, sie zu *überzeugen*: „Das tut deiner Gesundheit nicht gut! Du verschlimmerst es damit nur!“ Überzeugt den Patienten das? Nein. Warum nicht? Weil es noch nicht schlimm genug schmerzt!

> *Jeder Mensch hat eine Schmerzgrenze. Wenn Sie ihn bewegen wollen, müssen Sie über diese hinausgehen.*

Überzeugung ist im Vergleich zu Schmerz ein lächerlich ineffizientes Manipulationsmittel. Schmerz überzeugt besser als jedes vernünftige Argument. Ihr Hausarzt wird Ihnen das gerne bestätigen. Natürlich: Neben dem Schmerz gibt es auch noch anderes, was Menschen bewegt; zum Beispiel Erfolg oder der Nutzen erreichter Ziele. Aber das Ziel „Danach geht es mir besser“ motiviert eben nur wenige Menschen zum Arztbesuch. Deshalb konzentrieren wir uns zunächst auf den prinzipiell wirksameren Motivator.

Pain Development

Heißt das, Sie sollen warten, bis dem Mitarbeiter etwas weh tut? Natürlich nicht.

> *Warten Sie nicht, bis es dem Mitarbeiter irgendwann mal weh tut. Sorgen Sie dafür, dass es ihm jetzt schon weh tut.*

Im Verkauf macht man das schon lange. Jeder anständige Verkäufer weiß, dass viele (nicht alle!) Menschen nur kaufen, „wenn ihnen etwas weh tut." Also sagen zum Beispiel die Verkäufer einer bekannten Staubsauger-Firma nicht: „Kaufen Sie unseren Sauger. Er erzielt die höchste Werterhaltung Ihres teuren Teppichs." Warum sagen sie das nicht? Weil das *überzeugt*. Es tut aber nicht weh. Deshalb sagen sie: „Hm, da haben Sie aber einen schönen Teppich. Wie alt ist der? Was? Und sieht schon so abgenutzt aus? Wie sieht der erst in drei Jahren aus? Tut Ihnen das nicht leid für den schönen Teppich?" Vorher nicht – aber jetzt. Warum? Weil der Verkäufer Pain Development betreibt. Er entwickelt einen Schmerz beim Kunden.

Seltsam ist nur: Obwohl zum Beispiel viele Verkaufsleiter mit ihren Kunden sehr erfolgreich Pain Development betreiben, versuchen sie immer noch, ihre Mitarbeiter zu „überzeugen". Das ist gerade so, als ob man mit der Holzkeule zur Jagd geht, während ein Präzisionsgewehr mit Laser-Zieloptik im Schrank hängt. Leicht verrückt.

Praxisbeispiel Pain Development

Betrachten wir eine Situation, wie sie sich täglich hunderttausendmal in Deutschlands Innendiensten abspielt:
„Herr Maier, fassen Sie doch bitte mal die zweite Tranche der Erstauftrags-Kunden nach. Da scheint bei der letzten Lieferung etwas schiefgelaufen zu sein."
„Och, muss das jetzt sein? Ich bin bis oben zu, habe Stress mit der Auslieferung und muss auch noch den kranken Kollegen vertreten."
„Natürlich muss das sein! Denken Sie nur an die jährliche Kundenbewertung! Da wollen Sie doch sicher auch, dass wir gut dastehen!"

Was für ein schwaches Argument! Was für eine untaugliche Manipulation! Glauben Sie etwa, der Mitarbeiter durchschaut diese plumpe Manipulation nicht? Wie viele Mitarbeiter kennen Sie, die bei der jährlichen Kundenbefragung gut dastehen wollen? Eben. Ein normaler Mitarbeiter ist am Mitarbeiter interessiert, nicht am Kunden. Jacke ist näher als Hose. Doch nach diesem Muster versuchen zehntausende deutsche Vorgesetzte täglich ihre Mitarbeiter zu „motivieren". Das ist keine Motivation. Das ist Manipulation. Und schlechte obendrein. Warum? Weil sie nicht funktioniert. Warum nicht? Weil eine Kundenbefragung niemandem weh tut, am allerwenigsten einem Mitarbeiter. Intelligenter argumentiert da schon folgender Vorgesetzter:

„Frau Müller, fassen Sie doch bitte mal die aktuellen Erstauftrags-Kunden nach. Da scheint bei der letzten Lieferung etwas schiefgelaufen zu sein."
„Och, muss das jetzt sein? Ich bin bis oben zu, habe Stress mit der Auslieferung und muss auch noch die kranke Kollegin vertreten."

„Da haben Sie allerdings einiges zu tun. Möchten Sie sich dazu noch Ärger mit den Erstauftrags-Kunden aufhalsen? Möchten Sie warten, bis 50 erboste Kunden stinksauer bei Ihnen anrufen und Sie stundenlang blockieren? Wenn Sie die Kunden von sich aus anrufen, ist das in zwei Stunden erledigt. Wenn Sie es nicht tun, stehlen die Kunden Ihnen eine ganze Woche. Möchten Sie das wirklich?"

Die Mitarbeiterin sagt daraufhin erst einmal gar nichts. Sie reißt die Augen auf, murmelt etwas davon, dass sie die Sache so noch nie betrachtet hat, trabt los und tut, wie der Vorgesetzte sie hieß. Glückwunsch! Die Manipulation funktionierte. Warum? Weil die Aussicht auf massiven Kundenärger *weh tut*. Menschen funktionieren nach einem einfachen Muster. Das ist kein Zufall, das ist ein Prinzip; nämlich die Komplementärseite des Lustprinzips:

> *Menschen versuchen, Schmerz zu vermeiden.*

Zeigen Sie Menschen die schmerzhaften Konsequenzen, die eintreten, wenn sie nicht tun, was Sie ihnen raten. Das wirkt besser als jede Überzeugungsarbeit. Schmerz überzeugt. Jeder Schmerz?

Was tut Mitarbeitern weh?

Wenn Sie möchten, dass Mitarbeiter tun, was Sie möchten, wählen Sie keine überzeugenden Argumente. Wählen Sie Argumente, die wehtun. Was tut Mitarbeitern weh?

Da gibt es zunächst allgemeine Schmerzen, die jeder Mitarbeiter vermeiden möchte: Mehraufwand, Überstunden, Ärger mit

Kunden, Kollegen und Vorgesetzten, Verlust von Arbeitsplatzsicherheit, Boni, Prämien, Ansehen und Privilegien, ... Für die meisten Verkäufer zum Beispiel ist die Herabstufung beim Firmenwagen schlimmer als jede Gehaltskürzung.

> *Setzen Sie Schmerz nicht drohend ein – das wirkt kontramanipulativ. Erwähnen Sie ihn sachlich und mit dem Unterton: „Ich möchte dir das ersparen."*

Wenn Sie einem Mitarbeiter explizit drohen, bemerkt er Ihre Manipulationsabsicht und schaltet auf Widerstand. „Wenn Sie nicht nachfassen, können Sie Ihren Jahresbonus vergessen!" Er fasst danach vielleicht nach – aber nur widerwillig, weil er sauer ist, dass Sie ihm die Pistole auf die Brust setzen. Wecken Sie seine Schmerzvermeidung nicht durch Drohungen, sondern durch Sachlichkeit (Tagesschau-Stil), besser noch mit einer mitfühlenden Komponente: „Jaja, ich weiß, Nachfassen ist lästig. Aber was soll ich machen, wenn die Erstkunden uns aufs Dach steigen und massenhaft abspringen? Dann fehlt mir am Jahresende mächtig Umsatz in der Kasse. Dann weiß ich auch nicht, ob wir in diesem Jahr einen Bonus zahlen können ... " Danach kommt der Mitarbeiter selber auf die Idee, etwas dagegen zu tun – und tut es viel engagierter. Weil es ja seine Idee ist. Tatsächlich hat ihn der Chef zu dieser Idee manipuliert – aber das juckt ihn nicht. Denn er ist an seinem Bonus interessiert, hat also auch etwas von der Manipulation – wie der Chef.

Neben den allgemeinen Schmerzursachen hat jeder Mitarbeiter ganz spezifische „Schmerzvermeidungsknöpfe", auf die ein versierter Manipulateur drücken kann. Je besser Sie einen Mitarbeiter kennen, desto eher wissen Sie zum Beispiel, dass er

- ein Perfektionist ist, und Perfektionisten fürchten nichts schlimmer als Fehler: „Glauben Sie nicht, dass das ein schlimmer Fehler wäre? Können Sie das wirklich guten Gewissens verantworten?“

- in seiner Motivationsstruktur außenorientiert ist: „Was sollen denn die Kunden von Ihnen denken, wenn wir ihnen massenhaft Fehllieferungen schicken und Sie als Kundenbetreuer sich darauf noch nicht mal melden? Glauben Sie, die sind Ihnen dafür dankbar?“
- ein Visionär ist: „Wo stehen wir in fünf Jahren, wenn wir so weitermachen? Glauben Sie nicht, dass wir dann als die schlampigste Firma in der Branche dastehen werden?“
- nur in Ruhe seine Arbeit machen will: „Was glauben Sie denn, was hier los ist, wenn Sie warten, bis 50 erboste Kunden auf der Fußmatte stehen? Dann kommen Sie wieder eine Woche lang nicht zu Ihrer eigentlichen Arbeit.“
- prestigeorientiert ist: „Was glauben Sie wohl, was die Kollegen und der Außendienst von Ihnen sagen werden, wenn sich eine Woche lang unsere Erstkunden bei Ihnen austoben? Die Kollegen wissen doch am besten, dass Sie das Debakel durch frühzeitiges Eingreifen hätten vermeiden können!“

Es ist eigentlich überflüssig zu erwähnen – doch die meisten Vorgesetzten machen es falsch: Sie manipulieren einen Perfektionisten mit den Ängsten eines Außenmotivierten. Das funktioniert nicht.

> *Sie können einen Menschen nur mit seinen eigenen Ängsten manipulieren. Fremde Ängste taugen dafür nicht.*

Ein guter Vorgesetzter kennt die persönlichen Schmerzursachen seiner Mitarbeiter. Er weiß, welche Knöpfe er drücken muss. Das wissen Mitarbeiter übrigens auch: Auch sie wissen, auf welche Knöpfe sie bei ihrem Vorgesetzten drücken müssen. Doch davon mehr in Kapitel 6. Kennen Sie die Knöpfe Ihrer Mitarbeiter? Warum nicht?

Die Ethik der Manipulation

Einige Leser werden inzwischen einen Blutdruck nahe 200 haben. Denn viele Vorgesetzte finden es moralisch verwerflich, bei ihren Mitarbeitern „auf Knöpfe zu drücken" oder ihnen gar Angst zu machen, weil ihnen Soziologen, Psychologen und Pädagogen einreden, das sei unmoralisch. Der Vorwurf erscheint auf den ersten Blick begründet. Überprüft man ihn jedoch in einer konkreten Führungssituation, fällt er schnell in sich zusammen. Schlimmer noch: Er erweist sich als äußerst unmoralisch!

> *Mitarbeitern Angst zu machen, ist im konkreten Fall nicht unmoralisch, sondern moralisch.*

Betrachten wir unser Beispiel: Macht der Vorgesetzte dem Mitarbeiter keine Angst, indem er ihm eine Reklamationslawine der Erstkunden prophezeit, dann wird diese Lawine mit Sicherheit auf den untätigen Mitarbeiter hereinbrechen – seine Angst wird also wahr!

> *Angst ist schlimm für einen Mitarbeiter. Doch viel schlimmer ist, wenn die Angst wahr wird!*

Das ist immerhin der Sinn der Angst. Sie soll uns vor Dummheiten bewahren. Nicht auf die heiße Herdplatte fassen. Nicht ohne Gummi in den One Night Stand. Natürlich tut es dem Mitarbeiter weh, wenn Sie ihm 50 erboste Kunden androhen. Doch noch viel weher tut es ihm, wenn 50 erboste Kunden tatsächlich anrufen! Oder wie die Amerikaner sagen: You gotta be cruel to be kind – manchmal muss man grausam sein, um jemandem zu helfen. Anders formuliert:

> *Wer seinen Mitarbeiter nicht eindrücklich vor den Konsequenzen seines Handelns warnt, ihm also Angst macht, begeht eine viel schlimmere Sünde: Er lässt ihn ins offene Messer laufen!*

Um es in aller Deutlichkeit zu formulieren: Weichgekochte Psychologen, die sich dagegen aussprechen, Mitarbeitern Angst zu machen, sprechen sich damit zugleich dafür aus, Mitarbeiter ins Messer laufen zu lassen. *Das* ist unmoralisch – nicht die Schmerz-Manipulation. Das erkennen Sie auch daran, dass sich in der harten Realität etliche Mitarbeiter für die Manipulation *bedanken*: „Gut, dass Sie mich gewarnt haben – da wäre doch einiges auf mich zugekommen!" Sie können absolut sicher sein: Wenn sich jemand bei Ihnen bedankt, dann war das, was Sie eben getan haben, sicher nicht unmoralisch.

Schmerz muss realistisch sein

Wenn Sie bei der Manipulation mit Schmerzankündigung mitgedacht haben, ist Ihnen möglicherweise etwas aufgefallen: Eine funktionierende Manipulation muss realistisch sein.

> *Nur realistische Konsequenzen motivieren zur Tat.*

Wenn Sie erfolgreich manipulieren möchten, sollten Sie sich die Mühe machen, die realen, mitarbeiterbezogenen Konsequenzen von Passivität zu identifizieren. Hält der Mitarbeiter die in Aussicht gestellten Konsequenzen seines Verhaltens für unrealistisch, reagiert er nicht mit Schmerzvermeidung, sondern mit Unmut. In unserem Fall ist dem Mitarbeiter noch gut im Gedächtnis, wie nach der letzten Fehldispo 30 Kunden anriefen und sich im Schnitt erst nach 20 Minuten Reklamationsbehandlung beruhigen ließen. Jene, die er dagegen von sich aus anrief, brauchten im Schnitt nur fünf Minuten, um sich abzureagieren. Also weiß der Mitarbeiter: Was der Chef sagt, ist völlig realistisch. Seine Angst ist also begründet.

> *Nur begründete Ängste wirken.*

Der Mitarbeiter hat die Episode von damals einfach nur verdrängt, weil es so unangenehm war. Der Chef hat ihn daran erinnert, indem er ihm Angst machte. Diese Angst hat ihn vor Schlimmerem bewahrt. Und dafür ist der Mitarbeiter dankbar – auch wenn er es nicht gerne zugibt. Gegenüber seinen Kollegen gibt er es offen zu: „Der Chef kennt sich halt gut aus." „Er passt auf uns auf." „Da hat er mir einen guten Tipp gegeben."

Statt Schmerz: Eigennutz

Muss man Mitarbeitern immer Angst machen? Wenn Sie möchten, ja. Denn begründete Ängste wirken immer. Sie können aber auch das Gegenteil der Angst einsetzen: Gier.

> *Angst: Der Mitarbeiter tut, was Sie wünschen, weil er negative Konsequenzen vermeiden möchte.*
> *Gier: Der Mitarbeiter tut, was Sie wünschen, weil er positive Konsequenzen erreichen möchte.*

Spielen wir unser Beispiel statt mit Angst nun mit Gier durch. Oder um es freundlicher zu formulieren: mit dem Eigennutz des Mitarbeiters.

„Herr Müller, fassen Sie doch bitte mal die aktuellen Erstauftrags-Kunden nach. Da scheint bei der letzten Lieferung etwas schiefgelaufen zu sein."
„Och, muss das jetzt sein? Ich bin bis oben zu, habe Stress mit der Auslieferung und muss auch noch die kranke Kollegin vertreten."
„Da haben Sie allerdings viel zu tun. Möchten Sie den Ärger schnell wieder loswerden? Möchten Sie auch morgen noch in aller Ruhe arbeiten können? Ich denke mal, wenn Sie die Erstkunden von sich aus anrufen und eine Lösung anbieten, kommen Sie die ganze nächste Woche pünktlich um 17 Uhr aus dem Büro. Außerdem könnten Sie viel ungestörter arbeiten, wenn nicht ständig Leute bei Ihnen anrufen. Was meinen Sie dazu?"

Sie sehen: Nur eine leichte Drehung der Argumentation und die Perspektive verschiebt sich total. Bei der Schmerz-Manipulation rennt der Mitarbeiter vor etwas Negativem davon (und erfüllt, sozusagen auf der Flucht, Ihre Wünsche). Bei der Eigennutz-Manipulation rennt der Mitarbeiter freudig auf etwas zu (und erfüllt dabei Ihre Wünsche). Es ist bezeichnend, dass sich gegen die Gier-Manipulation nicht der Widerstand der fehlgeleiteten Humanisten erhebt – obwohl sie ebenso manipulativ ist wie die Schmerz-Manipulation. Das heißt, unter einigen Humanisten ist Gier besser als Angst. Eine seltsame Moral.

Warum funktioniert Gier?

Warum ruft Herr Meier seine Erstkunden nicht an, wenn es um Kundenzufriedenheit geht? Warum ruft er dieselben Kunden jedoch umgehend an, wenn es um seine eigene Bequemlichkeit geht? Weil ihm, wie uns allen, Jacke näher als Hose ist. Weil Herr Meier die Telefonaktion dann nicht für den Chef, nicht für die Kundenzufriedenheit und nicht für die Umsatzziele erledigt. Er tut es für sich. Das glaubt er zumindest. Tatsächlich tut er's im Endeffekt für sich *und* für den Chef. Doch was er tatsächlich tut, ist irrelevant. Für eine geglückte Manipulation ist nur relevant, was er *glaubt*. Er lässt sich manipulieren, damit er endlich wieder in Ruhe arbeiten kann und sich nicht stundenlang mit reklamierenden Kunden herum schlagen muss. Das ist ihm die Arbeit wert. Das ist sein Vorteil. Ein Vorteil, auf den er ohne Manipulation verzichten müsste.

Die Gier-Manipulation hat einen weiteren Vorteil: Wenn Sie den Mitarbeiter lediglich mit Unternehmenszielen oder Kundenorientierung „überzeugen", fällt er beim erstbesten Hindernis um. Nicht jedoch, wenn Sie ihn richtig manipulieren und ihm zeigen, dass er das, was Sie von ihm wollen, im Grunde für sich tut. Nein, er fällt nicht um. Er legt sich sogar mächtig für Sie ins Zeug, denn für seinen eigenen Nutzen macht er sich gerne krumm. Man weiß ja, für wen man's tut.

Es gibt tatsächlich Führungskräfte, die sich darüber beklagen, dass den Mitarbeitern das eigene Interesse näher steht als das Firmeninteresse. Wer so klagt, hat keine Ahnung von Menschen oder von Manipulation. Ein erfahrener Vorgesetzter klagt nicht über den Egoismus des einfachen Arbeiters, er nutzt ihn für sich.

> *Je größer der Egoismus eines Menschen, desto leichter lässt er sich manipulieren.*

Sie tun ihm sogar etwas Gutes, wenn Sie ihn manipulieren – Sie fördern seinen Eigennutz! Es gibt übrigens kein einziges Firmen- oder Abteilungsinteresse, das nicht auch einen Benefit für das Mitarbeiterinteresse abwerfen würde – man muss lediglich darauf kommen, welcher Nutzen das ist.

> *Wirksame Manipulation: Zeigen Sie dem Mitarbeiter, dass er's für sich tut.*

Wenn Ihnen das gelingt, werden die Mitarbeiter alles für Sie tun. Und gerne. Denn im Grunde tun sie's ja (auch) für sich.

Am wirkungsvollsten ist natürlich die Kombination von Schmerz-Manipulation und Gier-Manipulation: „Möchten Sie wirklich, dass morgen 50 erboste Kunden bei Ihnen anrufen und Sie den Rest der Woche zu nichts anderem mehr kommen? Oder möchten Sie lieber, dass die Sache in zwei Stunden erledigt ist und Sie wieder in Ruhe Ihre Arbeit erledigen können?" Es gibt keinen lebenden Mitarbeiter, der sich dieser Zangen-Manipulation entziehen könnte. Angst machen und dann von dieser Angst erlösen ist eine der wirksamsten Manipulationsstrategien überhaupt. Mit dieser Strategie arbeiten Horror-Filme. Und die spielen jährlich Milliardenbeträge ein. So gut funktioniert die Strategie.

Wenn Gier-Manipulation so einfach ist, warum funktioniert sie dann nicht bei Ihnen?

Den Mitarbeiter bei seinem Eigennutz packen – wenn wirksame Manipulation so einfach ist, warum wird sie dann nicht von allen Führungskräften praktiziert? Weil die meisten Führungskräfte keine Ahnung vom Eigennutz ihrer Mitarbeiter haben. Betrachten wir ein Beispiel: „Aber denken Sie doch nur mal, wie viel leichter Sie arbeiten können, wenn Sie das neue Kalkulations-System beherrschen!“ Es ist unschwer zu erkennen, dass hier eine Führungskraft versucht, den Mitarbeiter mit seinem Eigennutz zu manipulieren. Die Manipulationsabsicht ist mit Händen greifbar (auch für den Mitarbeiter). Das ist nicht schlimm. Schlimm ist, dass das nicht funktioniert.

Denn obwohl der Vorgesetzte mit dem Eigennutz „Arbeitserleichterung“ lockt, „beißt“ der Mitarbeiter nicht an. Warum nicht? „Weil die Methode offensichtlich Quatsch ist“, denkt sich die unerfahrene Führungskraft. „Es nutzt wohl doch nichts, den Mitarbeiter darauf hin zu weisen, dass er's für sich tut.“ Das stimmt allerdings: Der Hinweis allein genügt nicht.

> *Hinweise manipulieren nicht.*

Denn der Mitarbeiter denkt nach dem Hinweis in unserem Beispiel natürlich sofort: „Das behauptest du, lieber Chef. Aber ich weiß ja, wieviel Ahnung du von meiner Arbeit hast.“

Noch ein Beispiel: „Das müssen Sie doch sehen, dass Sie mit dieser Projektplanung viel besser fahren!“ Wenn ein Mitarbeiter etwas nicht sieht, was nützt es dann, ihm zu sagen, dass er es sehen *muss*?

> *„Sie müssen das doch sehen!" Sparen Sie sich das Muss. Muss manipuliert nicht.*

Der einzige, der in unserem Beispiel etwas sehen muss, ist der Vorgesetzte. Er muss sehen, dass das Muss-Argument nicht funktioniert. Sieht er es nicht, ist er genauso blind wie sein Mitarbeiter – warum ist er dann sein Vorgesetzter?

> *Der Nutzen des Vorgesetzten ist nicht (unbedingt und immer) der Nutzen des Mitarbeiters!*

Worauf Sie scharf sind, darauf ist der Mitarbeiter höchstwahrscheinlich nicht gierig. Leider existiert an dieser Stelle ein verbreitetes Missverständnis. Das merke ich immer wieder, wenn Manager in Führungstrainings exakt an dieser Stelle darauf beharren: „Aber der Mitarbeiter muss das doch sehen, was ihm das bringt!" Waren Sie schon mal Angeln?

Der Wurm muss dem Fisch schmecken, nicht dem Angler

Sie können hundertmal sagen: „Aber der Mitarbeiter muss doch sehen, was ihm das bringt!" Das bringt beim hundertsten Mal noch genau so wenig wie beim ersten Mal. Haben Sie schon mal einen Angler gehört, wie er sagte: „Aber die Forelle muss doch auf Apfelkuchen mit Sahne beißen, weil ich weiß, dass Apfelkuchen mit Sahne gut ist, also muss das auch die Forelle sehen!"?

Was heißt gut? Gut für den Angler. Wen interessiert das? Etwa die Forelle? Offensichtlich nicht: Es ist einschließlich des Angler-Lateins kein Fall bekannt, in dem eine Forelle auf Apfelkuchen anbiss. Das ist ja eine Sauerei! Warum sieht die Forelle das nicht ein? Was wollen Sie haben: einen philosophischen Streit oder eine Forelle im Korb?

Was wollen Sie? Den Mitarbeiter davon überzeugen, dass Sie recht haben oder einen Mitarbeiter, der tut, was Sie ihm sagen? Also wählen Sie für Ihre Manipulation etwas, das nicht so sehr Ihnen, dafür umso sicherer dem Mitarbeiter schmeckt. Viele wenden an dieser Stelle ein: „Aber das ist ja bösartige Manipulation!“ Wieso? Fanden Sie etwa die Sache mit dem Apfelkuchen besser? Besser für die Forelle? Oder besser für Sie? Für Sie am allerwenigsten: Sie sind den Apfelkuchen los, haben keine Forelle gefangen – und die Forelle hat Magenverstimmung.

> *Wenn Sie möchten, dass der Mitarbeiter tut, was Sie von ihm wollen, wählen Sie etwas, das der Mitarbeiter – nicht unbedingt Sie – als Nutzen akzeptiert.*

Viele Führungskräfte haben damit ein Problem: Was akzeptiert der Mitarbeiter denn als Nutzen? Worauf ist er gierig? Das ist eine etwas peinliche Frage.

Worauf sind Mitarbeiter gierig?

Ein Innendienstleiter fragt: „Wenn meinen Mitarbeiter die Kundenzufriedenheit nicht interessiert – ja was interessiert ihn denn dann?“ Peinlich. Da arbeiten die beiden nun schon seit Jahren zusammen und die Führungskraft weiß nicht einmal, was ihren Mitarbeiter interessiert.

> *Manipulieren kann nur, wer weiß, was andere interessiert.*

Ein guter Angler weiß, welcher Fisch auf welchen Köder beißt. Weiß er das seit seiner Geburt? Nein, das hat er für seine Anglerprüfung gelernt. Der einzige Unterschied zwischen Angler und Manager: Der Angler hat viel Unterstützung beim Lernen. Diese Unterstützung haben Führungskräfte nicht: Es gibt so gut wie keine Führungstrainings, in denen man Managern zeigt, wie sie hinter die Interessen ihrer Mitarbeiter kommen. Dafür werden auf diesen Seminaren kräftig „Motivationstechniken" gepaukt. Amüsant, nicht? Der einzige Motivationserfolg dieser Seminare besteht darin, Manager dazu zu motivieren, für etwas Geld auszugeben, das ihnen nichts bringt. Ganz zu schweigen von den Unternehmensführungen: Da kommt auch kaum einer darauf, dass man Mitarbeiter am besten mit den eigenen Interessen „herumkriegt".

> *Das ist die eigentliche Führungsaufgabe: Finden Sie heraus, was Ihre Mitarbeiter interessiert.*

Was Ihre Mitarbeiter interessiert, das tun sie gerne. Sie bauen zum Beispiel Häuser, leiten Vereine und Verbände, laufen Marathon, kriegen Kinder – was bewegt sie zu solchen übermenschlichen Anstrengungen? Wenn Sie das herausfinden, dann leisten sie solche übermenschlichen Anstrengungen auch für Ihre Aufgaben und Ziele in Ihrem Unternehmen, Ihrer Abteilung oder Arbeitsgruppe.

Praxisbeispiel: Der schießfreudige Lagerleiter

Als Geschäftsführer eines großen Mittelständlers hatte ich einen Lagerleiter, der wegen seiner Minderleistung kurz vor dem Rausschmiss stand. Als ich die Kündigung gerade in Angriff nehmen wollte, erfuhr ich durch Zufall, dass Lagerleiter Ludwig das komplette Schützenfest seiner Schützengilde plante und organisierte. Wer schon einmal so ein Schützenfest besuchte, weiß: Das ist ein beträchtliches Projekt. Ein anderer wäre vielleicht wütend gewesen, dass dieser verdammte Lagerleiter sich privat alle Beine ausreißt, aber im Betrieb keinen Finger krumm macht.

Ich dagegen kam mir vor, als hätte ich als Führungskraft versagt. Warum? Ich hatte es nicht geschafft, nein, ich war nicht einmal auf die Idee gekommen, heraus zu finden, what makes him tick, was ihn bewegt, was ihn zu Höchstleistung anspornt, warum er für seinen Verein 120 Prozent und für seinen Betrieb nur 30 Prozent gab. Ich hatte einfach nur *erwartet*, dass er gute Leistung bringt. Ich hatte ihn davon zu *überzeugen* versucht, sich zu engagieren, ich hatte ihn *motiviert*. Ohne Erfolg.

Mein Interesse war geweckt: Was treibt den Mann zur Höchstleistung? Ich redete mit seinen Arbeitskollegen, ich redete mit ihm. Niemand wird Ihnen seine Motive auf die Nase binden. Die Motive blitzen lediglich in den Nebensätzen auf. Doch mit einem geübten Auge sind sie auf den ersten Blick erkennbar. Gute Führungskräfte haben diesen geübten Blick. Nach drei bis vier kurzen Gesprächen war mir klar: Mein Lagerleiter durfte bei den Schützen sein Festkonzept vor dem gesamten Verein präsentieren. Wer schon mal erlebt hat, wie 200 Menschen aufstehen und applaudieren, wird nachvollziehen können, was dem Lagerleiter den entscheidenden Kick gab. Er war gierig nach Anerkennung. Das war sein überragender Eigennutz. Das war sein Knopf, der nur darauf wartete, dass ich darauf drückte – die Kollegen im Schützenverein waren darauf schon viel länger gekommen. Sie waren bessere Manipulateure als ich. Im Betrieb dagegen hörte dem Lagerleiter „kein Schwein“ zu. Denn er war schließlich „nur der Lagerleiter“, der unwichtigste Mann im Betrieb, das kleinste Glied in einer langen Kette. Also wozu sollte er sich engagieren?

Die korrekte Manipulation war für mich danach ein Kinderspiel: Ich bediente seinen Eigennutz und ließ ihn seine Ideen und Konzepte vor der versammelten Geschäftsleitung vorstellen. Danach war der Mann wie ausgewechselt. Er zauberte mir binnen kürzester Zeit ein Lager hin, dass 20 Prozent Kosteneinsparung mit einer Verdoppelung der Kommissionsgeschwindigkeit verband – ein Resultat, das wir uns in unseren kühnsten Visionen nicht hätten träumen lassen. Und alles gratis: Wir mussten dem Mann einfach nur zuhören. Stellen Sie sich vor, ich hätte ihn gefeuert! Wir hätten ein Genie gefeuert – das schlimmste, was einer Führungskraft passieren kann.

So einfach ist Manipulation? Richtig. Aber raten Sie mal, wie lange ich brauchte, um das heraus zu finden. Immerhin stand ich kurz davor, den Mann zu entlassen. Doch wie Fritz Perls schon sagte: The most difficult thing is to see the obvious. Die einfachste Lösung ist immer die beste – und immer am schwersten zu sehen. Man braucht eben etwas Zeit, um dahinter zu kommen, was Mitarbeiter antreibt. Aber genau diese Zeit geben sich viele nicht.

Selbstmanipulation: Verkaufen Sie sich nicht für blöd

Nur wenige Manager können andere richtig manipulieren. Noch schlimmer ist, dass sie sich selbst nicht richtig manipulieren können. In Coachings und Trainings klagen viele: „Dauernd sollen wir unsere Mitarbeiter motivieren – doch wer motiviert uns?“ Ein Manager, der manipulieren, also auch sich selbst motivieren kann, würde so etwas nicht mal im Traum denken. Wozu auch? Er hat’s nicht nötig.

Wir alle müssen Dinge tun, die wir nicht mögen oder möchten. Wie motivieren sich die meisten Manager dafür? Sie zählen die guten Gründe dafür auf: „Das tut der Firma gut, damit sichern wir unsere Marktposition, die Kunden erwarten das, das sind wir den Shareholdern schuldig.“ Motiviert das? Nur wenig und nur kurzfristig. Warum? Weil es keine Motivation, sondern Manipulation ist, und schlechte Manipulation obendrein. Warum? Sie kennen die Antwort: Weil hier jemand versucht, sich selbst zu *überzeugen* und die so überzeugenden Argumente ihn im Tiefsten seines Herzens keineswegs überzeugen. Das heißt: Er verkauft sich selbst für dumm. Das ist die erfolgloseste aller Manipulationsmethoden.

> *Wer die „guten Gründe“ glaubt, verkauft sich selbst für dumm.*

Machen Sie sich nichts vor. Versuchen Sie nicht, sich selbst mit der Brechstange zu manipulieren. Suchen Sie nicht nach den guten Gründen, suchen Sie nach Gründen für Eigennutz und Schmerz. Wenn Sie sich hinterher sagen: „Hätt ich doch bloß ... !“, dann haben Sie zuvor vergessen, sich Ihre Ängste klar zu machen.

> *Malen Sie sich die persönlichen Konsequenzen des Nichtstuns aus: Was passiert, wenn ich untätig bleibe?*

Je realistischer Sie sich diese ganz persönlichen (nicht die betrieblichen!) Konsequenzen ausmalen, desto motivierter werden Sie. Sie haben sich erfolgreich selbst manipuliert – und sind glücklich und erfolgreich damit! Ein Vorstandsmitglied eines Nahrungsmittelkonzerns sagt: „Die Kunden sind mir eigentlich egal – auch wenn man das nicht laut sagen darf. Die können doch gar nicht würdigen, was wir ihnen auftischen! Doch wenn die neue Produktlinie nicht einschlägt, kann ich mir meine neue Yacht dieses Jahr abschminken – also sorge ich dafür, dass die Linie erfolgreich ist." Sie halten das für zynisch? Wen juckt das? Solange es motiviert und alle dabei glücklich sind! Glauben Sie, die Kunden beschweren sich darüber, dass die neue Produktlinie schmeckt und gesund ist?

Motivieren Sie sich alternativ oder ergänzend zur Schmerzvermeidung mit Ihrem Eigennutz. Stellen Sie sich die Eigennutz-Frage: Was bringt das mir? Also nicht dem Unternehmen, nicht der Marktposition, nicht den Kunden oder Shareholdern – sondern Ihnen ganz persönlich. Sie halten das für eigensüchtig? Das ist es. Der Clou dabei:

> *Je eigensüchtiger ein Mensch handelt, desto mehr haben alle anderen davon.*

Sie glauben doch nicht im Ernst, dass der Bäcker Brot bäckt, damit Sie etwas zu essen haben? Der Bäcker backt, damit er seiner Frau den dicken Pelzmantel und sich den neuen SLK leisten kann. Das ist eigensüchtig? Sicher. Und diesem Eigennutz haben Sie es zu verdanken, dass Sie morgens knusprige Brötchen auf dem Tisch haben. Dieser Eigennutz ist die Basis unserer Marktwirtschaft. Nehmen Sie diesen Eigennutz raus aus der Marktwirtschaft, haben Sie Sozialismus. Und wo ist der Sozialismus heute?

> *Stehen Sie zu Ihrem Eigennutz.*

Natürlich nicht, indem Sie ihn laut herausposaunen. Behalten Sie ihn für sich – denn gute Manipulation ist unserer rückständigen Gesellschaft fremd. Doch das ist nicht das Problem. Das Problem bei der Eigennutz-Motivation ist: Die meisten Manager wissen überhaupt nicht, wozu und wofür sie's denn machen. Sie haben sich schon so lange für Firma, Kunden und Shareholder verbogen und verkauft, dass ihnen die eigenen Motive völlig verloren gingen. Deshalb sind sie unmotiviert – nicht weil der Chef sie zu motivieren vergessen hat.

> *Suchen und finden Sie wieder Ihren ureigenen Schmerz und Ihren persönlichen Eigennutz.*

Wenn Sie fündig geworden sind, werden Sie einen Motivationsschub von ungeahnter Kraft erleben. Das sicherste Zeichen dafür, dass Sie sich erfolgreich selbst manipuliert haben. Das nennt man dann im zivilen Sprachgebrauch „Eigenmotivation". Die Geschäftsführerin eines Familienunternehmens sagt: „Mir ist unser Marktanteil, unser Aktienkurs und die Konkurrenz nur zweitrangig wichtig. Ich will vor allem anderen, dass wir in allem, was unsere Firma verlässt, die Besten sind." Spüren Sie die Kraft, die dahinter steckt? Diese Frau weiß, wie man sich selbst manipuliert – und sich gut dabei fühlt.

Kurz und kompakt: Überzeugen Sie nicht – wecken Sie Angst oder Gier

- ❑ Hören Sie auf, Mitarbeiter mit guten Argumenten überzeugen zu wollen.
- ❑ Finden Sie lieber ihre Gier und ihre Ängste heraus.
- ❑ Glauben Sie nicht, Sie wüssten, worin Eigennutz und Schmerz Ihrer Mitarbeiter bestehen: Sie wissen es nicht.
- ❑ Sie wissen es erst, wenn ein Mitarbeiter es Ihnen sagt. Also hören Sie zu, wenn er mit Ihnen spricht.
- ❑ Zeigen Sie ihm, wie er Schmerzen vermeiden und seinen Eigennutz bedienen kann – indem er tut, was Sie sich wünschen.
- ❑ Zeigen Sie es ihm glaubhaft, nachvollziehbar und realistisch.
- ❑ Machen Sie sich auf eine Leistungsexplosion gefasst.

Ultrakurzfassung von Kapitel 1	
Unwirksame Manipulation	**Wirksame Manipulation**
Überzeugen	Schmerzen vermeiden und Eigennutz erreichen helfen

2 Manager lügen: erfolglos

Man darf den Leuten nicht die ganze Wahrheit sagen

Am einfachsten manipuliert man immer noch, meinen viele Manager, indem man lügt. In vielen Unternehmen ist Verschweigen und Schönreden fester Bestandteil der Unternehmenskultur. Dafür gibt es berühmte Vorbilder. Schon Bismarck sagte: „Je weniger die Leute wissen, wie man Würste und Gesetze macht, desto besser schlafen sie." Irritierend ist lediglich, dass ein anderer großer Staatsmann, Winston Churchill, ganz anders manipulierte: „All I have to offer you is blood, sweat and tears". Bismarck log, Churchill sagte die Wahrheit. Welche Manipulation wirkt besser? Lüge oder Wahrheit? Wir kennen den Verlauf der Geschichte. Gelten deren Lehren auch im betrieblichen Kontext? Betrachten wir ein Beispiel.

In einem Gerätebau-Unternehmen steht die Restrukturierung eines Teilbereichs an. Damit soll vor allem die Auftragsdurchlaufzeit den Erfordernissen eines modernen Marktes angepasst werden. Doch das sehen die Mitarbeiter nicht. Sobald sie Restrukturierung hören, denken sie nur an Entlassungen. Das Management befürchtet wegen der Gerüchte eine massive Demotivation. Tatsächlich sinkt die Produktivität vor allem hinter den Schreibtischen teilweise um 50 Prozent, weil die Leute sich den halben Tag erzählen, wer was über welche Kündigungspläne gesagt oder gehört hat. Der Geschäftsführer muss intervenieren. Wie macht er das? Er beschwichtigt: „Leute, wir machen doch nur Prozessbeschleunigung – die Arbeitsplätze sind sicher." Der Personalchef zieht dabei die Augenbrauen hoch, doch der Geschäftsführer meint: „Die Leute müssen nicht die ganze Wahrheit wissen, das erschreckt sie nur unnötig." Funktioniert die Management-Lüge?

Der Erfolg gibt dem Geschäftsführer recht: Es kehrt Ruhe an der Basis ein. Leider ist das nur ein Anfangserfolg. Denn als die ersten Kündigungen kommen, radikalisiert sich die Stimmung. Die Leute fühlen sich – zurecht – hinters Licht geführt und reagieren

- mit innerer Kündigung
- mit äußerer Kündigung: Ausgerechnet viele High Potentials gehen. Logisch, sie bekommen sicher einen neuen Job. „Die Nieten bleiben", kommentiert der Fertigungsleiter.
- mit massiven Produktivitätsverlusten
- mit offenen und verdeckten Racheakten.

Der Teufelskreis der Manager-Lüge

Wie reagieren die Mitarbeiter in unserem Beispiel auf die Manager-Lüge? Mit kollektiver Vergeltung. Als Konsequenz läuft die Restrukturierung nicht so erfolgreich wie geplant. Das macht weitere Entlassungen notwendig, welche ebenfalls verschwiegen werden, was die Stimmung noch mehr anheizt, wodurch die Produktivität noch weiter sinkt ... Seit drei Jahren entlässt das Unternehmen nun schon Leute; ein Ende ist nicht abzusehen.

> *Die Lüge funktioniert nur kurz-, niemals langfristig.*

Die Lüge hat genau das Gegenteil von dem erreicht, was erreicht werden sollte. Sie hat nicht für die Veränderung motiviert, sie hat die Veränderung sabotiert. Natürlich will ein Management, das so ungeschickt manipuliert, das nicht wahr haben: „Die Leute stellen sich unmöglich an. Die ziehen nicht mit!“ Ach ja, und wer ist verantwortlich dafür? Eine Führungskraft, welche ihr Handwerkszeug beherrscht, wird sich nie darüber beklagen müssen, dass die Leute nicht mitziehen.

Wahrheit ist die beste Manipulation

Churchill hatte das bessere Rezept: Er sagte die Wahrheit – und ein ganzes Volk erhob sich gegen Hitler. Oder anders formuliert: Auch Manager-Lügen haben kurze Beine.

> *Der langfristige Schaden der Manager-Lüge ist größer als ihr kurzfristiger Gewinn.*

Besonders peinlich wirkt das Versagen der Lüge, wenn man die Gelegenheit hat, zwei vergleichbare Firmen zu beobachten – was relativ einfach ist, da ein Veränderungsbedarf meist branchenweise einheitlich auftritt. So liegt keine 20 Kilometer von unserem Gerätebauer ein Mitbewerber, der ebenfalls große Unternehmensteile restrukturiert. Dort versucht der zuständige Werksleiter nicht mit der Manager-Lüge zu manipulieren. Er manipuliert mit der Wahrheit:

„Unsere Auftragsdurchlaufkosten sind zu hoch. Das Controlling hat 20 Entlassungen vorgeschlagen. Aber: Wir beginnen heute mit einer Restrukturierung. Wenn wir dabei die Durchlaufzeit um 25 Prozent reduzieren, sind nur noch fünf Planstellen überzählig – und die können wir ohne Entlassungen abbauen. Wenn wir also alle unser Bestes für die Restrukturierung geben, werden wir schneller, kostengünstiger, attraktiver für unsere Kunden – und behalten gleichzeitig alle unsere Arbeitsplätze. Wie findet ihr das?“ Einer seiner Meister ruft aus der Menge: „Gut. Womit fangen wir an?“ Die anderen murmeln Zustimmung. Die Frage, ob die Mitarbeiter die Restrukturierung mittragen werden oder nicht, erhebt sich nicht. Die Mitarbeiter wollen gleich loslegen.

> *Die ungeschminkte Wahrheit, verknüpft mit einer aus Sicht der Mitarbeiter realistischen Lösung, ist die bessere Manipulation.*

Der Werksleiter hat nichts schöngeredet, sondern den Leuten reinen Wein eingeschenkt. Deshalb knien sie sich rein. Klingt einleuchtend? Nicht für jeden Manager.

Die Angst vor dem Schock: Darf man Mitarbeitern die Wahrheit sagen?

Sie sollten mal dabei sein, wenn ein Berater, ein Coach, Trainer oder auch nur ein Kollege einem Manager vorschlägt, den Mitarbeitern in einer prekären Situation doch einfach die Wahrheit, die reine Wahrheit und nichts als die Wahrheit zu sagen. Das ist grade so, als ob man einem Verkäufer vorschlägt, seine Reisespesen ehrlich abzurechnen. „Was? Den Mitarbeitern die Wahrheit sagen? Das geht doch nicht!“ Die Begründung dafür ist interessant:

„Das schockt die Leute doch!“

Das heißt: Manager lügen nicht, weil sie eine verlogene Bande wären – sie lügen quasi aus Notwehr! Weil die Wahrheit zu hart für Mitarbeiter ist. Auf den ersten Blick ist das eine sehr einleuchtende Annahme: Niemand hört gerne eine unangenehme Nachricht. Das Problem an dieser Annahme ist lediglich: Sie ist falsch. Zum einen kann die Wahrheit gar nicht mehr schocken, wenn bereits Gerüchte kursieren. Sie glauben, die Wahrheit schockt die Leute? Glauben Sie das nicht. Die Leute an der Basis ahnen oder wissen doch schon längst, was Sache ist. Oder glauben Sie, die da unten kriegen nichts mit? Zum anderen stimmt die Annahme nicht, weil die Wahrheit möglicherweise zwar schockt. Doch Schweigen schockt viel mehr.

> *Nicht die Wahrheit, sondern Verschweigen löst den größeren Schock aus.*

Das wusste schon der Großpapa, als er sagte: „Lieber ein Ende mit Schrecken als ein Schrecken ohne Ende." Es ist besser, die Leute eine halbe Stunde lang zu schockieren und dann wieder aufzubauen, als zu erlauben, dass die ständigen Gerüchte sie wochenlang in einem koma-ähnlichen Schockzustand halten.

> *Gerüchte sind schlimmer als die Wahrheit.*

Sie kennen vielleicht die Tendenz der Mitarbeiter, alles heillos zu übertreiben. Kurz bevor der Werksleiter aus unserem Beispiel vor sein Team trat, kursierte beispielsweise die Zahl von 120 Entlassungen – eine Übertreibung um das Sechsfache!
Wenn Sie schweigen, unterstützen Sie diese Gerüchte:
„Die da oben sagen nichts – also muss es so schlimm sein, wie wir befürchten."
„Dann könnten sie es ja sagen! Nein, es ist noch viel schlimmer!"
„Ach was, meinst du? Was hast du denn gehört?"

> *Sie* dürfen *Mitarbeitern nicht nur die Wahrheit sagen, Sie* müssen *es – wenn Sie möchten, dass sie tun, was Sie von ihnen erwarten.*

Die Salami-Taktik bringt nichts

Vielen Managern ist aus dem Bauch heraus klar, dass sie mit der Wahrheit nicht beliebig lange hinterm Berg halten können. Die Gerüchte nehmen einfach überhand. Um die Gerüchteküche abzukühlen, lassen daher viele Führungskräfte ein Bisschen von der Wahrheit heraus. Das ist eine verständliche Taktik, die übrigens von jedem Manager als manipulativ empfunden wird: Man will ja seinen Zweck damit erreichen.

Leider funktioniert die Salami-Manipulation so gut wie nie. Es ist einfach die falsche Taktik. Oder wie ein bayrischer Maschinenbauer mal sagte: „Niemand versucht, einen Hausbrand auszupinkeln." Das ist zu wenig. Denn wenn die Wahrheit scheibchenweise durchsickert, ist das immer noch ein Schrecken ohne Ende. Das kann niemals die Gerüchte beenden und die Leute aus ihrem Produktivitätsloch befreien.

> *Für die Wahrheit gilt: Alles auf einmal.*

Sie ziehen ein Pflaster ja auch nicht schön langsam ab – Sie ziehen es mit einem Ruck ab. Zugegeben, das kostet Mut. Aber wer diesen Mut nicht aufbringt, sollte sich einen anderen Job suchen. Ein richtiger Manager hat diesen Mut. Ein richtiger Manager macht einmal reinen Tisch – dann ist die Sache gegessen.

> *Die Wahrheit ist meist ein Schock – aber ein heilsamer Schock.*

Nur die volle Wahrheit schafft es, die Abwärtsspirale der Gerüchteküche zu stoppen und die Stimmungslage umzukehren, damit es wieder aufwärts geht.

Können Sie schocken?

Viele Manager ahnen, dass sie die Leute schocken müssen, um sie aus ihrer Passivität zu reißen. Leider paaren sie dieses Wissen oft mit einer katastrophalen Technik:

„Leute, so geht es nicht weiter! Wir müssen von den Kosten runter. Sonst sind wir in zwei Jahren weg vom Markt!"

Schockt das? Aber sicher. Leider schockt das genau so, als ob Sie Ihrem besten Freund sagen, dass er ein Riesenblödmann ist.

> *Wer die Leistung der Leute in der Vergangenheit schlechtredet, provoziert deren Widerstand.*

Kein Mensch lässt sich gerne sagen, dass er bislang alles falsch gemacht hat. Genau das sagen aber Argumente wie „So geht's nicht weiter!" Leider ist dieses Argument eines der häufigsten bei Kick-offs von Veränderungsprojekten. Wer so argumentiert, schockt zwar, doch er schockt die Leute in den Widerstand. Wenn Sie erfolgreiche Schocker beobachten, stellen Sie fest, dass diese

- mit der Wahrheit, nicht mit der Verteufelung bisheriger Leistungen schocken

- direkt nach der bitteren Wahrheit die Leute in die gewünschte Richtung lenken.

Checkliste: Schocken will gelernt sein

1. Geben Sie den Mitarbeitern die bittere Pille und lösen Sie den Schock aus. Damit dieser zum heilsamen Schock wird, werden Sie direkt nach der Wahrheit
2. Lösungsmöglichkeiten aufzeigen
3. die Ziele der Veränderung vorgeben (besser: vereinbaren)
4. glaubhaft darstellen, dass die vorhandenen Fähigkeiten der Mitarbeiter vollkommen ausreichen, um die Ziele zu erreichen
5. beziehungsweise überzeugend präsentieren, mit welchen Maßnahmen benötigte Fähigkeiten erworben werden
6. den Mitarbeitern zeigen, wie Sie sie aktiv unterstützen werden.

Denken Sie an ein aktuelles oder vergangenes Vorhaben zurück: Welche der sechs Checkpunkte können Sie abhaken? Welche sind offen? Warum?

> *Sie müssen die Wahrheit sagen, doch dafür brauchen Sie die geeignete Technik.*

Kennen heißt nicht Können

Möglicherweise haben Sie eben bei der Checkliste gedacht: „Weiß ich doch alles!“. Der Geschäftsführer eines Laborbedarf-Herstellers bei Cuxhaven dachte und sagte das auch. Als er im Führungstraining die Checkpunkte für die Verabreichung des heilsamen Schocks sah, meinte er nur: „Ist doch klar! Weiß ich doch schon lange!“ Im Seminarraum schmunzelten einige.

Tatsächlich erzählte ein Teilnehmer drei Wochen später, dass derselbe Manager seinen Leuten anlässlich einer Vertriebsoffensive mitgeteilt hatte: „Leute, mit eurer Abschlusstechnik schafft ihr unsere Aktionsziele nie! Also reißt euch am Riemen!“ Bei welchen Schock-Checkpunkten fiel er durch? (Lösung am Ende des folgenden Unterkapitels).

Ein anderer Teilnehmer, Marketingleiter eines Konsumgüter-Herstellers, rief mich kurz nach dem Training an: „Die Checkliste funktioniert hervorragend. Seltsam ist nur, dass ich bei Punkt 4 regelmäßig viel zu viel Zeit brauche, bis die Mitarbeiter endlich aus ihrem Schneckenhaus heraus kommen und glauben, dass sie es schaffen können.“ Wir vereinbarten ein Telefon-Coaching, in dem ich ihm vermittelte, wie er Mitarbeiter, die in einer Jammerkultur gefangen sind oder sich weniger zutrauen, als sie können, relativ schnell in tatendurstige Anpacker verwandelt. Seither schafft er die Schock-Therapie in einem Viertel der Zeit.

Was tut dieser Marketingleiter? Er gibt sich nicht damit zufrieden, dass er *weiß*, wie man Mitarbeiter schockt. Er *probiert* es aus und nimmt sich danach selber in die Manöverkritik. Hilfreich sind dabei folgende Punkte:

- ❑ Nehmen Sie sich einen konkreten Anlass vor.
- ❑ Manipulieren Sie. Und fragen Sie sich danach:
- ❑ Was lief gut?
- ❑ Was könnte besser laufen?
- ❑ Was brauche ich dafür, damit es besser läuft?

Training Is the Breakfast of Champions

Manager, die sich durch hohe Manipulations-, Change- und Führungskompetenz auszeichnen, durchlaufen dieses Manöverkritik-Muster mit den obigen Checkpunkten täglich dutzendfach und ohne darüber bewusst nachzudenken. Für sie ist das die natürlichste Vorgehensweise der Welt. Dieses Vorgehen erscheint auch dem geneigten Leser als vollkommen logisch und normal. Seltsam ist jedoch, dass dieses simple Muster in über 90 Prozent der Fälle jenen Managern fehlt, welche selbst nach dem zigsten Führungsseminar immer noch falsch schocken.

> *Erfolgreiche Manipulatoren können sich selbst trainieren.*

Diese Self-Training-Kompetenz ist Voraussetzung für die erfolgreiche Anwendung jeder Manipulationstechnik, der Sie in diesem Buch begegnen werden.

Und nun zur Auflösung unserer kleinen Quizfrage: Wer wie der erwähnte Geschäftsführer des Laborbedarf-Herstellers seinen Mitarbeitern sagt, dass sie es mit ihrer derzeitigen Abschlusstechnik nicht schaffen, ihre Ziele zu erreichen, verstößt gegen die Checkpunkte

2: Er zeigt keine Lösungsmöglichkeit auf.
4: Er stellt nicht glaubhaft dar, dass die Mitarbeiter es schaffen können, im Gegenteil, er bestreitet das explizit.
5: Er präsentiert keine Möglichkeiten zum Erwerb der benötigen Abschlusstechnik.
6: Er zeigt ihnen nicht, wie er sie als Führungskraft unterstützt.

Wer so manipuliert, wirft den Mitarbeitern Inkompetenz vor und lässt sie im Regen stehen. Dass einige Führungskräfte immer noch auf persönliche Vorwürfe und Beleidigungen setzen, zeigt, dass sie nicht wirklich gut manipulieren können oder wollen.

Selbstmanipulation: Machen Sie sich etwas vor?

Wer andere zu manipulieren sucht, indem er sie belügt, belügt sich auch selbst. Das ist weniger unethisch als ineffizient. Stellen Sie sich einen Verkaufsleiter vor, der sich selbst sagt: „Die neuen Jahresziele sind gar nicht so überzogen. Irgendwie werden wir das schon hinkriegen.“ Und nun stellen Sie sich einen Verkaufsleiter vor, der sagt: „Die Jahresziele sind um drei Prozent gewachsen, während der Markt um fünf Prozent gefallen ist. Das wird knüppelhart. Da müssen wir vollen Einsatz zeigen.“ Welcher der beiden ist besser motiviert? Welcher hat wohl eher Erfolg? Rhetorische Fragen.

> *Ein Problem hat, wer ein Problem leugnet.*

Ein Problem zu verdrängen, sich also selbst zu belügen, ist eine erfolglose Art der Selbstmanipulation. Diese Manipulation ist so durchsichtig, dass sie noch nicht einmal bei einem selbst funktioniert. Sie hat nur eine Wirkung: Sie führt direkt in die Passivität. Ein Problem anzuerkennen, ist dagegen eine der wirksamsten Methoden der Selbstmanipulation. Sie motiviert, weil sie aktiviert. Wer der bitteren Wahrheit ins Auge schaut, sich der harten Realität stellt, der krempelt die Ärmel hoch. Gewiss, das erfordert Mut, doch dieser Mut wird mit Erfolg belohnt.

> *Hören Sie auf, sich selbst zu belügen. Das funktioniert nicht.*

Kurz und kompakt: Wahrheit ist die beste Manipulation

- ❑ Schönreden, Verschweigen, Lügen – diese Manipulationstechniken haben nur kurzfristig Erfolg aber langfristig hohe Nebenwirkungen. Vergessen Sie sie.
- ❑ Geben Sie die bittere Pille, sagen Sie die ungeschminkte Wahrheit.
- ❑ Und zwar so früh wie möglich – bevor Ihnen Gerüchte zuvorkommen.
- ❑ Verabreichen Sie den heilsamen Schock ohne jede Beschönigung.
- ❑ Bauen Sie danach die Mitarbeiter mit Lösungsmöglichkeiten, Unterstützungsangeboten und dem Nachweis der überwältigenden Erfolgsaussicht wieder auf.
- ❑ Beobachten Sie, wie die Mitarbeiter genau das tun, was Sie von ihnen erwarten.

Ultrakurzfassung von Kapitel 2	
Unwirksame Manipulation	**Wirksame Manipulation**
Lügen	Wahrheit, Lösung plus Unterstützung

3 Manager machen erfolglos Druck

Wie effektiv ist Druck?

Eine besonders schmerzhafte Art der Manipulation ist jedem Mitarbeiter bestens bekannt: Druck. Wenn Manager etwas ganz dringend wollen, bitten sie nicht höflich, sie werben nicht für Verständnis, sie machen ganz einfach Druck. Die Alltagssprache von Managern spiegelt diese Druckhaltung wider:
„Da müssen Sie eben Druck machen, dann geht das auch!“
„Dem werde ich Feuer unterm Stuhl machen!“
„Von selbst machen die das doch nicht.“
„Manche muss man eben zu ihrem Glück zwingen.“
„Diskutieren Sie nicht, tun Sie's einfach!“
„Wenn das nicht bis zur Messe fertig ist, gibt's mächtig Druck!“

Jede Führungskraft manipuliert täglich mit einer oder mehrerer dieser Druckformeln. Und das ohne schlechtes Gewissen. Zwar ist Druck eine ziemliche unfaire Manipulationsmethode. Doch schließlich stehen Manager selbst auch unter Druck. Da ist es nur recht und billig, dass sie ihn weitergeben. Das klingt logisch – doch ist es auch effektiv? Ungefähr 80 Prozent aller Führungskräfte setzen Druck regelmäßig ein. Doch nur die wenigsten stellen sich diese Frage. Dabei ist sie die entscheidende Frage. Die Frage, die zwischen Erfolg und Misserfolg entscheidet: Ist Druck ein effektives Manipulationsmittel?

Betrachten wir ein Beispiel. Es ist Donnerstag, 9 Uhr, Abteilungsleiter Müller sagt: „Bis Freitag 14 Uhr brauche ich die Feasibility-Studie!“
Produktmanager Schmitt entgegnet: „Unmöglich, Chef. Frühestens Dienstag.“
„Das geht auf keinen Fall. Ich brauche das bis morgen. Also schauen Sie zu, wie Sie das hinbiegen.“

Ein Beispiel, wie wir es täglich erleben und praktizieren. Auch deshalb ist die Motivation für die Führungspraxis gestorben. Manager motivieren nicht, sie manipulieren. Was kommt dabei heraus? Die erwünschte Wirkung in unserem Beispiel ist, dass Freitag um 14 Uhr die Aufgabe tatsächlich erledigt ist. Diese Wirkung ist bestens bekannt. Die unerwünschten Nebenwirkungen sind weitaus weniger populär.

Druck: die unerwünschten Nebenwirkungen

Wir alle sind täglich mehrmals gezwungen, Druck auszuüben. Nicht nur auf Mitarbeiter, sondern auch auf Kinder, Kollegen, Freunde, Familienmitglieder. Druck hat einen unübersehbaren Vorteil: Er lässt Dinge geschehen. Dies ist die *faktische* Seite von Druck. Leider wird über diese faktische Seite eine andere Seite übersehen: die *nachhaltige* Seite. Wägt man beide Seiten gegeneinander ab, erlebt man sein blaues Wunder. Denn dann verkehren sich die Vorteile plötzlich ins Gegenteil:

> *Der kurzfristige Vorteil von Druck ist weitaus geringer als die langfristigen Nachteile.*

Diese Nachteile sind zahlreich und gravierend. Betrachten wir nur sechs davon (es gibt mehr):

1) *Druckresistenz*: Produktmanager Schmitt macht unter Druck zwar das Unmögliche möglich. Freitag 14 Uhr liegt die Studie vor. Doch das macht er höchstens zwei-, dreimal. Danach stumpft er ab. Wir kennen das aus eigenem Erleben: Beim zweiten Mal erschreckt einen der Druck schon viel weniger.

> *Je öfter Druck gemacht wird, desto stärker verliert er an Wirkung.*

Das heißt, dass man für dieselbe Wirkung beim Mitarbeiter immer größeren Druck ausüben muss, der immer weniger bewirkt. Projektmanagern ist dieses Phänomen abnehmender Grenznutzen (sogenannte negative Economies of Scale) vom Vorstandsprojekt-Debakel bekannt: Soll ein Projekt trotz überzogener Vorgaben durchgepeitscht werden, wird es kurzerhand zum Vorstandsprojekt erklärt. Das sorgt für den nötigen Druck. Weil sich daran aber alle Beteiligten schnell gewöhnen, gibt es inzwischen viele Unternehmen, in denen 70 Prozent aller Projekte Vorstandsprojekte sind, welche trotzdem nicht zielgenau ankommen. Ganz zu schweigen von allen anderen Projekten: Für diese kann man sowieso niemanden mehr interessieren. Warum? Weil die Manipulationsmethode „Druck“ die Motivation zerstört hat!

2) *Racheakte*: Druck schafft Feinde. Druck provoziert Racheakte. Ein häufig oder traumatisch unter Druck gesetzter Mitarbeiter fügt sich zwar zähneknirschend, lässt den Vorgesetzten aber irgendwann ins Messer laufen. Weil er es eben nicht endlos „mit sich machen lässt“. Natürlich sichert er seinen Racheakt politisch korrekt ab: „Tut mir leid, dass ich es nicht mehr geschafft habe. Ich war zwei Stunden bei einem A-Kunden.“

Wer seinen Chef ins Messer laufen lässt, sorgt für ein lupenreines Alibi. Gerade in großen Unternehmen ist es ein beliebtes Bürospiel, den Chef unter dem Schutz einer unanfechtbaren und eigens für die Aktion inszenierten Ausrede ins Messer laufen lassen.

> *Druck provoziert Racheakte.*

3) *Fehlzeiten*: Menschen sind nicht dumm. Jeder vernünftige Mitarbeiter versucht, Druck auszuweichen – wir tun das ja auch. Jeder Vorgesetzte weiß: Vor typischen „Druckterminen" werden die Leute häufiger krank, zum Beispiel vor Messen, Präsentationen, bei Projekten in der Endphase. Das muss noch nicht einmal absichtlich sein. Manchmal ist einfach der Druck zu groß.

> *Druck verursacht Fehlzeiten.*

4) *Innere Kündigung*: Mitarbeiter, die zu lange oder zu oft unter Druck gesetzt werden, emigrieren innerlich. Die meisten Chefs beklagen sich über „passive, lustlos, nicht mitdenkende" Mitarbeiter. Haben Sie sich schon mal gefragt, woran das liegt?

5) *Verlust von Spitzenleistung*: Wer zu lange oder zu häufig unter Druck steht, bringt keine Spitzenleistung mehr. Jürgen Klinsmann sagte: „Wer Tore schießen will, muss frei sein im Kopf." Wenn Ihre Mitarbeiter lediglich Durchschnittsleistung bringen müssen, damit Sie Ihre Ziele erreichen, ist Druck ein Manipulationsmittel ohne großen Schaden. Wenn Sie Spitzenleistung brauchen, ist Druck Erfolgssabotage in eigener Sache.

6) *Beziehungsschaden*: Druck beschädigt die Beziehung. Egal, was Sie einem Mitarbeiter sagen, er wird dabei denken: „Das ist der Kerl, der mich sonst immer unter Druck setzt."

Die betriebswirtschaftlichen Konsequenzen

In etlichen der sonst viel geschmähten Personalabteilungen gibt es jede Menge Statistiken über die Auswirkungen eines druckvollen Führungsstils. So weiß jeder Personaler, der sein Salz wert ist, dass es einen statistisch über jeden Zweifel erhabenen Zusammenhang zwischen Druck und Personalkosten gibt. Je höher der Druck in einer Arbeitsgruppe oder Abteilung

- desto höher die Absenz (Fehlzeiten)
- desto höher der Krankenstand
- desto höher die Fluktuation
- desto schlechter das Arbeitsklima.

> *Druck verursacht hohe Nebenkosten.*

Wenn Managern ihr personalkostenintensiver Führungsstil vorgehalten wird, verteidigen sich diese meist mit dem Standard-Argument: „Dafür hängen sich meine Leute auch viel mehr rein." Das stimmt. Doch das ist leider irrelevant. Denn es kommt nicht darauf an, wie sehr sich die Leute reinhängen (Input). Es kommt darauf an, was dabei an Produktivität (Output) heraus kommt. Manager, die gerne und oft Druck machen, unterstellen meist, dass die Produktivität sich proportional zum Druck verhält. Leider stimmt das nicht. Die Produktivität steigt nur bis zum kritischen Punkt proportional zum aufgewendeten Druck. Danach sinkt sie:

> *Unter Druck sind die Produktivitätsgewinne kleiner als die -verluste.*

Das gilt meist schon kurzfristig, aber auf jeden Fall langfristig. Leider sind Manager, die ihre Mitarbeiter unter Druck setzen, nicht besonders kompetent bei der Betrachtung langfristiger Konsequenzen ihres Führungsstils. Das wissen auch die Kollegen, die es oft ohne jeden betriebswirtschaftlichen Schnickschnack auf den Punkt bringen: „Der verschleißt seine Leute."

> *Druck kostet mehr als er bringt.*

Nirgends wird das so deutlich wie beim Change Management. Gerade in Deutschland werden Veränderungsprojekte nach dem Sprenger'schen Motto vollzogen: „Nur ein nasses Baby liebt den Wandel." Also muss man Druck ausüben, damit die Leute den Hintern hoch kriegen. Das Resultat kennen wir alle: 80 Prozent der innerbetrieblichen Veränderungsprojekte wie Reorganisationen oder Restrukturierungen scheitern oder kommen so weit unterhalb ihrer Ziele an, dass es dem Scheitern gleichkommt.

> *Unter Druck verändern sich Menschen nicht, sie passen sich taktisch an.*

Wenn nicht einmal Druck die Menschen dazu bewegen kann, den notwendigen Wandel mit zu tragen, was kann dann noch helfen?

Motor der Veränderung: Unzufriedenheit

Natürlich gibt es keinen einzigen Manager, der die langfristigen betriebswirtschaftlichen Kosten von Druck leugnen würde – so blind kann man gar nicht sein und schon gar nicht als Führungskraft. Aber: „Was soll ich denn tun? Ohne einen gewissen Druck kriegen meine Leute einfach nicht den Hintern hoch!"

Das kennen wir alle. Wenn wir mit irgendeiner neuen Aufgabe, einem Projekt oder einer Veränderung vor die Mitarbeiter treten, rufen diese dann erst einmal vor Begeisterung Hurra? Im Gegenteil. Die ersten Reaktionen sind Skepsis, Einwände und Aufstöhnen. Also müssen wir doch ein bisschen Druck machen, um die Leute aus ihrer Lethargie zu reißen, oder? Das ist ein verbreiteter Irrtum. Ein Irrtum, den uns bereits unsere Eltern und danach Lehrer und Ausbilder vermittelten. Weil sie uns hereinlegen wollen? Nein, weil auch sie Manipulationsamateure sind. Auch sie wissen es nicht besser. Dabei ist der Zusammenhang denkbar einfach. Sie werden ihn sofort unterschreiben, denn im Grunde haben Sie ihn schon oft gehört und selbst gedacht:

> *Nicht Druck ist der Motor erfolgreicher Veränderung, sondern Unzufriedenheit.*

Wir können das überall um uns herum beobachten. Das beginnt schon mit unseren Kindern. Was hat nicht eine Kollegin auf ihre Tochter eingeredet, damit diese in der Schule endlich bessere Noten schreibt. Sie hat alles versucht, mit Taschengeldkürzung und anderen Sanktionen gedroht. Sie hat mit Druck manipuliert. Wirkung? Minimal. Warum? Weil Druck kein geeignetes Manipulationsmittel ist. Dann hat die Tochter eine neue Freundin gewonnen, deren Notenschnitt fast zwei Noten besser war. Binnen weniger Wochen hob sich der Schnitt der Tochter in drei von vier Fächern um eine ganze Note. Warum? Weil die Tochter sich mit der neuen Freundin verglich und bei dem Vergleich ganz schön alt aussah: Sie war *unzufrieden* mit dem Ergebnis des Vergleichs. Diese Unzufriedenheit trieb sie zum Erfolg – ohne dass ihre Mutter auch nur einen einzigen Ton hätte sagen müssen. Die Mutter empfand das als superpeinlich: „Totales Erziehungsversagen.“ Das ist ein bisschen hart formuliert, aber im Grunde wahr.

Machen Sie Mitarbeiter unzufrieden!

Es ist ausgeschlossen, dass ein zufriedener Mensch irgendetwas ändert. Warum sollte er? Er ist ja zufrieden mit der Welt, so wie sie ist. Da können Sie noch so viel Druck machen. Vielleicht *gibt er dem Druck nach* – aber wollen Sie allen Ernstes Nachgeben mit Leistungswillen gleichsetzen?

> *Solange ein Mensch zufrieden ist, engagiert er sich nicht.*

Also was tun? Sie können kaum darauf warten, dass Ihre Mitarbeiter von alleine unzufrieden werden. Nein, aber Sie können sie so manipulieren, dass sie mit Unzufriedenheit reagieren: Sie können ihre Unzufriedenheit wecken.

> *Druck manipuliert schlecht, Unzufriedenheit manipuliert besser.*

Die beste Manipulation ist, den Mitarbeiter unzufrieden zu machen. Wie? Indem Sie ihn auf seine unerfüllten Wunsch aufmerksam machen. Dazu müssen Sie natürlich erst einmal wissen, welche Wünsche er überhaupt hat. Aber als Vorgesetzter weiß man das. Man kennt seine Pappenheimer. Betrachten wir ein Beispiel.

Seit Monaten bedrängt ein Abteilungsleiter einen seiner Projektleiter, sich mit Coaching-Kompetenz ausstatten zu lassen: „Denken Sie doch nur, wie viel schneller und reibungsärmer Ihre Projekte ablaufen werden!“ Erkennen Sie das? Das ist die Manipulationstechnik „Überzeugen“. Sie funktioniert nicht (s. Kapitel 1). Als ob dies nicht schlimm genug wäre, macht sich der Projektleiter zu allem Überfluss auch noch – aus Sicht des Vorgesetzten – lustig über ihn: „Ob ich coachen kann oder nicht, ist in diesem Unternehmen doch völlig zweitrangig (das stimmt leider). Wenn du hier weiterkommen willst, musst du die großen Projekte an Land ziehen. Das ist das einzige, was zählt.“ Der Abteilungsleiter ist stinksauer: „Dieser verdammte Karrierist. Den interessiert nicht die Bohne, dass sich seine Teammitglieder gegenseitig massakrieren. Der ist nur an seiner Karriere interessiert!“ Ist das nicht skandalös? Nein, das ist geradezu grandios. Denn ohne es zu ahnen, hat der Projektleiter mit seiner Äußerung die Hosen herunter gelassen, worunter ein Schild mit der Aufschrift zum Vorschein kam: „Bitte hier manipulieren!“

Sein Vorgesetzter muss gar nicht lange überlegen, wo denn die offenen Wünsche liegen, um Unzufriedenheit zu schüren. Der Projektleiter sagt es ihm selbst: Er will Karriere machen. Also bringt er ihn auf der nächsten Sitzung des Steuerungsausschusses „ganz beiläufig“ mit einem der Top-Projektleiter des Unternehmens zusammen und fragt diesen ebenso beiläufig, bei welchem Ausbilder er denn damals seine Coach-Ausbildung gemacht hat. Der Karrierist ist bass erstaunt: „Sie haben eine Coaching-Ausbildung? Das hätte ich nicht von Ihnen gedacht. Sowas bringt doch nicht viel!“ „Das würde ich nicht sagen. Außerdem habe ich den Kurs nicht nur wegen meiner Projektteams belegt. Je besser Sie Menschen nämlich coachen können, desto leichter können Sie zum Beispiel auch Vorgesetzte dazu bringen, Ihnen die fetten Projekte zu geben.“ Dem Karrierist geht ein Licht auf.

> *Die perfekte Manipulation: Satteln Sie Ihre Ziele auf die Unzufriedenheit Ihrer Mitarbeiter.*

Die Huckepack-Manipulation

Zeigen Sie dem Mitarbeiter, wie seine Unzufriedenheit mit demselben Mittel beseitigt werden kann, das „zufällig“ auch Ihre Unzufriedenheit beseitigt. Das ist die perfekte Manipulation.

> *Gegen Druck wehrt sich jeder. Eine Unzufriedenheit dagegen möchte jeder beseitigen.*

Jeder Mitarbeiter ist ständig mit vielen Dingen unzufrieden – an anderer Stelle beklagen wir uns heftig über diese Jammer-Mentalität. Klagen Sie nicht, nutzen Sie lieber diese Unzufriedenheit. Zeigen Sie dem Mitarbeiter, wie er seine Unzufriedenheit beseitigt, indem er Ihre Ziele und Aufgaben wahrnimmt.

> *Satteln Sie Ihre Ziele quasi huckepack auf seine Unzufriedenheit.*

Das Prinzip hinter der Huckepack-Manipulation kennen Sie bereits (s. Kapitel 1): Sie zeigen dem Mitarbeiter einfach, dass er's nicht für Sie, sondern für sich tut. Leider fällt diese simple Übung vielen Vorgesetzten unnötig schwer. Warum? Weil sie ihre Mitarbeiter nicht kennen. Kennen Sie Ihre?

Der Knopf am Mitarbeiter, auf den Sie drücken müssen

Leider ist es mit der Führungskompetenz vieler Führungskräfte nicht zum Besten bestellt. Daran sind sie nicht allein schuld. Wenn ein exzellenter Ingenieur morgen Abteilungsleiter wird, bringt ihm kein Aas bei, wie er, der bislang nur Maschinen konstruierte, nun plötzlich Menschen führen soll. Das wird als bekannt voraus gesetzt.

Deshalb sind viele Führungskräfte auch überfordert, wenn sie für eine gelungene Manipulation ihre Ziele huckepack auf die Unzufriedenheit ihrer Mitarbeiter aufsatteln sollen: Sie wissen nicht, womit der Mitarbeiter unzufrieden ist, weil sie seine unerfüllten Wünsche nicht kennen. Warum nicht? Weil sie nicht wissen, wie sie an diese Wünsche herankommen sollen. Dabei ist das denkbar einfach:

> *Der Mitarbeiter selbst sagt Ihnen, womit er unzufrieden ist.*

Natürlich sagt er es Ihnen nicht, wenn Sie ihn direkt danach fragen – dafür sind Mitarbeiter wie alle Menschen zu unreflektiert, unartikuliert oder misstrauisch. Er sagt es Ihnen jedoch, wenn Sie *nicht* danach fragen. Er sagt es Ihnen so ganz nebenbei, in Nebensätzen, in der Kaffee-Ecke, im Fahrstuhl, wenn er emotional wird oder sich mal wieder über irgendetwas beklagt. Gute Führungskräfte haben ein Ohr für diese Zwischenbemerkungen und ein gnadenloses Gedächtnis für die dabei gewonnenen Erkenntnisse. Diese Erkenntnisse sind Gold wert. Denn sie sagen uns, wie der Mitarbeiter tickt, womit er unzufrieden ist, wo die Knöpfe seiner Unzufriedenheit sitzen, auf die wir dann nur noch zu drücken brauchen.

Der Chefentwickler eines Elektronik-Unternehmens hat zum Beispiel seine liebe Not mit den sozialen Kompetenzen seiner Ingenieure. Das sind alles Kundenwadenbeißer, die nach dem Motto beraten: „Wozu lieb und nett zum Kunden sein? Worauf es ankommt, ist schließlich die technische Seite." Gleichzeitig beklagen sich die Ingenieure darüber, dass man nicht in Ruhe arbeiten kann, weil ständig die Kunden, diese technischen Ignoranten, einem dazwischen funken. Der Chefentwickler schmunzelt: „Inzwischen kann ich diesen Technik-Freaks aber wirklich alles verkaufen, vom Beziehungsmanagement bis zur Focus Group, wenn ich nur glaubwürdig darlegen kann, dass sie damit ihre Ruhe bei der Arbeit haben." Das ist gelungene Manipulation.

Der Group Manager eines Anlagenbauers hat Probleme mit einem begnadeten Projektleiter, der leider viel zu oft seine Termine überzieht. Keine Mahnung, kein gutes Zureden, keine übliche „Motivation", ja nicht einmal eine Abmahnung half. Als der Group Manager scharf nachdenkt, fällt ihm ein, dass der geniale Mitarbeiter sich hin und wieder darüber beschwert, dass Hinz und Kunz in der Kunden-Zeitschrift stünden, aber nie „die Leute, die wirklich was stemmen". Was soll's, denkt der Group Manager, einen Versuch ist es wert, verlieren kann man dabei nichts und verspricht dem Projektleiter: „Wenn Sie das laufende Projekt termingerecht abliefern, verschaffe ich

Ihnen und dem Projekt eine komplette Seite im Kundenmagazin."

Fühlt sich der Projektleiter manipuliert? Nein, der Projektleiter ist begeistert. Warum? Weil die Manipulation funktioniert! Er schafft zwar seinen Termin wieder nicht, doch sein Verzug ist um 80 Prozent gesunken. Ein Ergebnis, von dem man früher nur träumen konnte. Er kriegt eine halbe Seite im Magazin. Der Deal wird erneuert: komplette Seite bei Termintreue. Der Group Manager hat dafür zwar den Redakteur mit einer Kiste Schampus gnädig stimmen müssen (noch eine gelungene Manipulation), doch die paar Hundert Euro sind ein Witz gegen den ersparten Ärger.

Noch ein Beispiel für die sagenhafte Wirkung und Einfachheit der Huckepack-Manipulation: Eine Marketing-Managerin eines Investitionsgüter-Herstellers hat regelmäßig furchtbar Stress mit ihren Katalogen, weil sie die Exponate aus der Spezialwerkstatt viel zu spät für ihre Fototermine bekommt. Erscheinen die Kataloge zu spät, reißen ihr Vertrieb, Marketing- und oft sogar Geschäftsleitung höchst persönlich, zuverlässig und regelmäßig den Kopf ab. Sie fleht die Spezialwerkstatt jedes Mal an, doch bitte einen Zahn zuzulegen. Die Monteure winken ungerührt ab: „Zu wenig Personal. Sie müssen warten, wie alle anderen auch." Sie hat keine Ahnung, wo bei diesen Monteuren die Unzufriedenheit sitzt, auf die sie drücken muss. Dafür sind ihr Blaumänner einfach zu fremd. Sie kennt ihre Welt nicht, weiß nicht, worüber sie reden, versteht den Fachslang nicht. Aber sie hat einen Knopfverdacht.

Beim nächsten Versuch nimmt sie drei der aktuellen Produktprospekte mit und sagt: „Sehen Sie, das ist die PX 100, die Sie mir damals extra mit dem Sonderzubehör montiert hatten. Das kommt auf dem Foto viel besser als die Standardversion. Das hat auch der Fotograf gesagt. Übrigens, das war derselbe, der die laufende Kampagne für die Deutsche Bank gemacht hat. Und hier ... " Sie erzählt einfach ein bisschen darüber, was die Werkstatt alles für die Werbung tut. Sie hat keine Ahnung, ob das hilft. Aber am Ende sagt einer der Monteure: „Darf ich einen Prospekt behalten? Meine Kinder haben noch nie gesehen, wobei ihr Papa so mitarbeitet. Uns hier unten zeigt ja keiner was." Die Marketing-Dame ist entsetzt – das hat sie nicht erwartet. Schüchtern fragt sie, wann sie denn das neue Gerät abholen dürfe. Nächste Woche? Übernächste? Der Werkstattleiter sagt: „Nehmen Sie's gleich mit, es steht da drüben."

Da stand es schon lange. Doch wozu der „Marketing-Tussi" rechtzeitig Bescheid sagen? „Die da oben sagen uns ja auch nichts." Inzwischen ist sie die einzige von fünf Marketing-Managern, die prompt und komplett von der Werkstatt versorgt wird. Die Kollegen rätseln: „Wie machst du das nur?" Die Managerin zuckt die Schultern: „Keine Ahnung, die mögen mich halt." Nächstes Jahr wird nämlich der Posten des Marketingleiters frei ... Sie hat gute Chancen. Warum? Weil sie besser als die Kollegen weiß, wo die Knöpfe der Unzufriedenheit sitzen, auf die frau drücken muss, um vorwärts zu kommen.

> *Jeder Mitarbeiter hat Unzufriedenheits-Knöpfe. Drücken Sie drauf und erfüllen Sie sich Ihre Wünsche (und seine).*

Sie halten das für eine böse Manipulation? Sie glauben, dass man seine Mitarbeiter nicht so ausnutzen darf? Glauben Sie, die Werkstatt-Monteure haben sich ausgenutzt gefühlt, als ihnen endlich jemand zeigte, wofür sie die ganzen Jahre geschuftet hatten? Nein, die fühlten sich ausgenutzt, als sie noch nicht „ausgenutzt" wurden, als ihnen niemand zeigte, wofür sie arbeiteten. Wenn man jemanden ausnutzt, indem man ihm gibt, was er möchte, dann möchte ich der größte Ausbeuter der Welt sein. Denn ich möchte, dass möglichst viele meiner Kunden und Mitmenschen das bekommen, was sie sich wünschen. Ein hübscher Nebeneffekt dieser „Ausbeutung“ ist, dass dann auch ich bekomme, was ich mir wünsche. Sie sehen: Wenn eine Manipulation funktioniert, macht sie alle glücklich. Niemand könnte behaupten, dass es schön oder ethisch sei, auf die Unzufriedenheit eines Mitarbeiters zu „drücken“, um ihn dazu zu verleiten, das zu tun, was Sie von ihm verlangen. Aber wenn er dabei selbst glücklich wird, wird aus der bösen Manipulation plötzlich etwas Gutes.

> *Wer den Leuten gibt, was sie sich wünschen, bekommt, was er sich wünscht.*

Das Druck-Entwöhnungs-Programm

Die meisten Manager erkennen irgendwann, dass Druck ein recht kurzsichtiges Manipulationsinstrument ist. Wenn sie trotz dieser Erkenntnis beim nächsten Mal, wenn es darauf ankommt, doch wieder Druck anwenden, kann es an zwei Gründen liegen. Der erste Grund ist trivial: Wir machen Druck, obwohl wir es inzwischen besser wissen, weil Druck uns zur Gewohnheit wurde und eine Gewohnheit stärker ist als Wissen und Vorsatz.

> *Eine alte Gewohnheit kann man nur durch eine neue ersetzen.*

Also müssen wir es uns zur Gewohnheit machen, auf Druck zu verzichten. Meist reichen zur Bildung einer neuen Gewohnheit ein halbes Dutzend Wiederholungen. Der zweite Hinderungsgrund für eine effektive Manipulation von Mitarbeitern ist gravierender. Wie es ein Bereichsleiter eines Automobilherstellers ausdrückt: „Ich soll die latenten Wünsche meiner Mitarbeiter erfüllen? Ja wer bin ich denn? Die haben zu springen, wenn ich ‚hüpf‘ sage. Wofür bezahlen wir denn die Kerle?“ Dieser Manager ist beileibe kein keulenschwingender Management-Neander. Er ist typisch für Manager, die an einer verbreiteten Berufskrankheit leiden: Sie fühlen sich nur als Chef, wenn sie herumkommandieren dürfen. Sie sehen zwar recht wohl, dass ihr überzogener Druck das Humankapital verschleißt. Doch wenn sie zwischen Wirtschaftlichkeit und Chefgefühl wählen müssen, entscheiden sie sich für letzteres. Warum? Weil sie noch nicht gelernt und erfahren haben, dass man sich noch viel mehr als Chef fühlt, wenn man keinen Druck macht, sondern auf die Unzufriedenheit „drückt“. Doch auch dieses Problem ist lösbar. Entweder durch Einsicht, durch Versuch und Irrtum oder durch Coaching.

Heißt das nun, dass Druck als Führungsinstrument total tabu ist? Nein. Oder wie es ein DaimlerChrysler-Manager einmal im Seminar ausdrückte: „Wenn das Flugzeug abstürzt, frage ich nicht erst nach den Interessen der Mitarbeiter.“ Das ist korrekt:

> *Druck ist ein Notfall-Instrument.*

Im Notfall – und nur im Notfall – funktioniert Druck als Manipulationsinstrument. Denn im Notfall anerkennt auch der Mitarbeiter die Notwendigkeit für druckvolles Entscheiden und Handeln. Leider ist der Mitarbeiter nicht dumm. Er erkennt – oft besser als viele Manager – wann ein Notfall vorliegt und wann nicht. Und wehe dem Manager, der über weniger Unterscheidungsvermögen besitzt als seine Mitarbeiter und Druck auch außerhalb von Notfällen einsetzt: Diesen bestraft der Mitarbeiter mit Leistungsverweigerung und Passivität. Jeder Manager hat die Mitarbeiter, die er verdient.

> *Man bekommt immer das vom Mitarbeiter, was man provoziert.*

Selbstmanipulation: Sich selbst unter Druck setzen

Noch stärker als sie ihre Mitarbeiter unter Druck setzen, setzen sich Manager oft selbst unter Druck. Wie erfolglos diese Methode der Selbstmanipulation ist, erkennt man an deren Kosten: Man brennt irgendwann aus oder pumpt sich mit Pillen voll, um dem Druck irgendwie standzuhalten und ruiniert seine Gesundheit. Außerdem muss man sich immer stärker unter Druck setzen, weil man mit der Zeit eine Druckresistenz aufbaut. Druck wirkt nicht wirklich als Mittel der Selbstmanipulation, weil er von außen kommt und wir unwillkürlich dagegen einen Gegendruck aufbauen.

Stellen Sie sich einen Manager vor, der sich sagt: „Wenn dieses Projekt nicht zielgenau ankommt, dann kann ich hier meinen Hut nehmen!“ Können Sie sich den Druck vorstellen, unter dem er arbeitet? Unter diesem Druck geht er nicht nur innerlich kaputt, er bringt auch keine hundert Prozent Leistung. Denn, um Klinsmanns Spruch zu wiederholen: „Wer Tore schießen will, muss frei sein im Kopf.“ Und nun stellen Sie sich einen Manager vor, der sich sagt: „Ich habe es satt, dass so viele Projekte unterhalb der Leistungsvorgaben liegen. Es hängt mir zum Hals raus!“ Dieser Manager steckt den Kollegen, der sich selbst unter Druck setzt, locker in die Tasche. Weil er vor Unzufriedenheit brennt. Er weiß, wie er sich erfolgreich selbst manipulieren kann. Im Volksmund nennt man das Eigenmotivation.

> *Hören Sie auf, sich unter Druck zu setzen. Nutzen Sie lieber Ihre Unzufriedenheit als Treibstoff.*

Wie Sie Ihre eigene Unzufriedenheit noch stärker nutzen können, um noch mehr Erfolg zu haben und noch zufriedener zu sein, sehen wir am Ende des folgenden Kapitels.

Kurz und kompakt: Machen Sie keinen Druck, wecken Sie Unzufriedenheit

- ❑ Druck ist kein geeignetes Manipulationsmittel.
- ❑ Seine langfristigen Nachteile überwiegen den kurzfristigen Vorteil.
- ❑ Druck funktioniert nur im Notfall.
- ❑ Wer führen kann, hat im Normalfall keinen Druck nötig.
- ❑ Unzufriedenheit wirkt besser als Druck.
- ❑ Entdecken und nutzen Sie die Unzufriedenheiten Ihrer Mitmenschen.
- ❑ Drücken Sie auf die „Knöpfe der Unzufriedenheit“. Verbinden Sie diese Unzufriedenheit mit Ihren Zielen.
- ❑ Erleben Sie, wie die Menschen sich über ihre Unzufriedenheit selbst motivieren und Ihre Ziele erreichen – ohne dass Sie einen Finger rühren müssen.

Ultrakurzfassung von Kapitel 3	
Unwirksame Manipulation	**Wirksame Manipulation**
Druck machen	Seine Unzufriedenheit ansprechen und mit Ihrem Ziel verbinden

4 Visionen sind ein Witz

Vision = Motivation

Kennen Sie das? Man betritt ein Unternehmen und schon zehn Meter hinter der Pforte spürt man, dass hier irgendetwas anders ist, dass ein anderer Wind weht, ein anderer Geist herrscht. Commitment, Engagement und Motivation sind fast mit Händen greifbar. Es ziehen alle an einem Strang (und zwar in dieselbe Richtung). Das Gefühl, das man in so einem Unternehmen empfindet, ist meist: „Hier möchte ich auch arbeiten!" Woher kommt das? Spricht man wahllos mit Mitarbeitern und Führungskräften, kommt schnell heraus: Hier regiert eine gemeinsame Vision das kollektive Denken und Handeln.

> *Vision = Mega-Motivator*

Wer eine gemeinsame Vision schafft, braucht sich um Motivation und Produktivität seiner Mitarbeiter nie wieder Sorgen zu machen. Eine Vision gibt, was viele Manager täglich erfolglos zu geben versuchen: Orientierung, Sinn, Zielorientierung und Zufriedenheit.

Me-too-Vision

Die überragende Motivationswirkung einer Vision ist Führungskräften bekannt. Deshalb werden Sie heutzutage kaum ein Unternehmen finden, in dem es nicht eine Vision, eine „Philosophie" oder ein Mission Statement gibt. Selbst die Pommesbude vor dem Hauptbahnhof hat eine Vision. Tatsächlich geben sich heute bereits schon Abteilungen und Projektgruppen Visionen und Mission Statements. Wir alle kennen das Ergebnis dieser hochfliegenden Bemühungen: In 95 von 100 Unternehmen ist die Vision das Papier nicht wert, auf dem sie steht.

> *Die Vision ist als Manipulationsinstrument großflächig gescheitert.*

Die Vision ist mehrheitlich nicht nur gescheitert, sie schadet sogar. Denn in vielen Unternehmen machen sich Mitarbeiter, Lower, Middle, ja sogar große Teile des Topmanagements lustig über „den visionären Unsinn", wie es der Fertigungsleiter eines Sondermaschinen-Herstellers ausdrückt. Keiner nimmt die Vision ernst, man regt sich sogar darüber auf: Sie ist eher hinderlich denn nützlich. Die Vision als Demotivationsfaktor – verrückt, nicht? Dieses Phänomen können Sie übrigens bei vielen Manipulationsinstrumenten beobachten:

> *Schlägt die Manipulation fehl, bewirkt sie das Gegenteil dessen, was man(ager) bewirken wollte.*

Dieses Phänomen macht vielen Managern das tägliche Leben schwer. Sie manipulieren ungeschickt, die Manipulation fliegt auf, bewirkt das Gegenteil der Absicht, gibt damit den betroffenen Manager der Lächerlichkeit preis – und das ungefähr ein halbes Dutzend Mal täglich. Das ruiniert den besten Ruf. Die Bemühungen um eine motivierende Vision lassen sich in zwei Punkten zusammenfassen:

A) Eine Vision ist eines der wirksamsten Instrumente der Motivation und Unternehmenssteuerung.
B) Nur den wenigsten Managern gelingt es, dieses Instrument wirksam ein zu setzen.

Warum?

Only for the Show

Warum scheitern so viele Manager bei der Schaffung einer Vision derart häufig und augenfällig? Weil sie einem grundlegenden Missverständnis erliegen: Sie verwechseln Vision mit Show.

Die meisten Manager wollen eine Vision nicht deshalb schaffen, weil sie damit ihre passiven, lustlosen und wenig unternehmerischen Mitarbeiter, über die sie täglich klagen, aus Passivität und Lustlosigkeit herausreißen wollen, sondern – man glaubt es kaum: „Andere haben eine Vision, also brauchen wir auch eine.“

> *Für viele Manager ist eine Vision nicht ein überragendes Motivationsinstrument, sondern nice to have.*

Wenn die Geschäftsleitung also beschließt, dass Visionsarbeit angesagt ist, entledigen sich viele Manager dieser Aufgabe pflichtschuldig nach dem Motto: „Ich habe meine Hausaufgaben gemacht. An mir kann's nicht liegen, wenn's schief geht.“ Diese innere Verweigerung sieht man den formulierten Visionen auch an. Sie sind so nichtssagend, wie wir sie alle kennen: austauschbar, im Widerspruch zur betrieblichen Realität, Gegenstand der Lächerlichkeit in den eigenen Reihen. Sie sind so abgehoben, dass sie niemanden abholen.

> *Eine Vision only for the show funktioniert nicht.*

Sie kann gar nicht funktionieren. Warum nicht? Weil sie am ehernen Gesetz der Kommunikation scheitert, das einem Drittel der deutschen Manager noch nicht einmal bekannt ist und das ein weiteres Drittel nicht versteht:

> *Man kann nicht nicht kommunizieren.*

Wenn Manager lustlos an einer Vision basteln, dann kommuniziert sich zwar auch die Vision, aber noch viel mehr die Lustlosigkeit, die dahinter steckt, und von welcher der unbedarfte Manager annimmt, dass sie nicht kommuniziert wird. Doch genau das tut sie: Unausgesprochenes kommuniziert sich immer, nämlich zwischen den Zeilen. Wie schon Eugen Roth sagte: „So einfach wird oft auf der Welt die Wahrheit wieder hergestellt.“ Noch kein Manager hat es geschafft, diese Lustlosigkeit der Visionsformulierung vor den Mitarbeitern zu verbergen. Denn Mitarbeiter mögen vieles sein: bequem, egozentrisch, keine guten Unternehmer. Nur eines sind sie nicht: dumm.

Eine wirksame Vision ist kurz und prägnant

Die meisten Manager wollen eine Vision only for the show. Ungefähr 20 Prozent der Manager bemühen sich jedoch ernsthaft, ihrem Führungsbereich eine Vision zu geben, weil sie erkannt haben, dass sie nur so dem täglichen, überhand nehmenden Chaos Einhalt gebieten können. Bis auf wenige Ausnahmen werden diese Manager alle mit einem Problem konfrontiert, das der Vorstandschef eines süddeutschen Elektronik-Unternehmens so formulierte: „Wir haben eine Vision – aber wir kriegen sie nicht ins Unternehmen rein!“

Wie sieht die Vision aus, die er nicht ins Unternehmen rein bekommt? Sie sieht so aus: „Wir sind ein internationales Spitzenunternehmen mit professionellen, motivierten und zufriedenen Mitarbeitern, das seinen Kunden die höchste Qualität bei der Versorgung mit elektronischen Komponenten garantiert."

Was war Ihre spontane Reaktion auf diese Vision? Erheiterung, wenn nicht Gelächter, nehme ich an. Dieses Gelächter erntete die Vision auch im eigenen Unternehmen. Warum? Weil sie sämtliche Misserfolgskomponenten aufweist, die eine wirkungslose Vision aufweisen kann.

> *Eine wirksame Vision ist kurz: ein Satz, eine Zeile.*

Warum sind viele Visionen so lang? Weil sie nichts sagen. Jeder weiß das: Wenn ein Redner nichts zu sagen hat, redet er besonders lang. Wer wirklich etwas zu sagen hat, kann das in einem Satz tun: „Ich will mehr Geld." „Ich will der Beste sein!" „Kundenzufriedenheit hängt vom Kernnutzen ab!" Studieren Sie mal Visionen, von denen Sie wissen, dass sie (in anderen Unternehmen) wirken. In der Fertigung eines Anlagenbauers gilt zum Beispiel: „Nur Topqualität verlässt diese Hallen!" Das ist kurz, weil es etwas ganz Konkretes aussagt. Das kann sich auch jeder Azubi merken, denn:

> *Eine wirksame Vision ist prägnant.*

Wenn eine Vision sich in jeden Kopf jedes Mitarbeiters einprägen soll, dann muss sie auch prägnant formuliert sein. Nun ist „Wir sind die Besten!" zweifellos sehr prägnant. Leider stimmt das meist nicht. Paradoxerweise merken das viele nicht. Deshalb widmen wir den nächsten Abschnitt einer Selbstverständlichkeit, die für die meisten Manager keine ist: die Wahrheit.

Eine Lüge ist keine Vision, auch wenn man noch so ernst dabei guckt

Seltsamerweise setzen viele Manager die Arbeit an einer Vision mit der Aufforderung gleich, zu lügen, dass sich die Balken biegen (vgl. Kapitel 2). Zum Beispiel die Vision unseres Elektronik-Unternehmens: „Wir sind ein internationales Spitzenunternehmen ... “ Das ist eine offensichtliche Lüge. Das Unternehmen liegt international noch nicht einmal unter den Top Ten. Und so sahen das auch die Mitarbeiter: „Was soll die Großspurigkeit? Sind die da oben jetzt völlig abgehoben?“

> *Eine wirksame Vision ist wahr.*

Warum lügen Manager bei ihrer Vision? Die Topmanager in unserem Beispiel wollten gar nicht lügen. Sie beherrschen lediglich die deutsche Sprache nicht. Was die Manager in unserem Falle auszudrücken versuchten, war der *Wunsch*, bald zu den Spitzenunternehmen zu gehören.

> *Bleiben Sie bei der Wahrheit, auch wenn die Wahrheit ein Wunsch ist.*

Das Topmanagement hätte sich die Peinlichkeit erspart, wenn es den Wunsch wahrheitsgemäß, also als Wunsch, nicht als Tatsache formuliert hätte. Zum Beispiel: „Wir wollen zu den internationalen Spitzenunternehmen gehören.“ Damit ist die Formulierung wahr und wird nicht mehr als Lüge empfunden. Aber mal unter uns: Reicht Ihnen das? Nein. Denn das ist viel zu unverbindlich:

> *Eine wirksame Vision ist konkret.*

Eine konkrete Vision könnte zum Beispiel lauten: „Bis Ende 2006 gehören wir international zu den fünf Umsatzbesten!“ Merken Sie den Unterschied? Das reißt mit – obwohl Sie doch gar nicht in diesem Unternehmen arbeiten! Aber wir alle wollen in einem Unternehmen arbeiten, das sich so ein Ziel setzt. Denn wir alle wollen zu den Besten zählen. Genau diesen Effekt löst eine gute Vision aus: Sie begeistert, reißt mit.

> *Eine wirksame Vision entwickelt unwiderstehliche Sogwirkung.*

Wie schafft man diese Sogwirkung? Ganz einfach – wie jede wirksame Manipulation ganz einfach ist. Man schafft einen Sog, indem man sagt, wo's hingehen soll.

> *Eine Vision, die Zugkraft entwickeln soll, muss ein attraktives Ziel haben.*

Das hört sich nun wieder sehr banal an und steht auch so in fast jedem Management-Lehrbuch. Leider steht in diesen schlauen Büchern selten, dass es keinen einzigen lebenden Manager gibt, der diese Aussage nicht schon so gründlich missverstanden hätte, dass er dabei seine nagelneue Vision an den Baum gefahren hat. Denn Manager wissen meist nicht, was ein attraktives Ziel ist. Sie wissen, was *sie* für ein attraktives Ziel halten und glauben, dass deshalb auch alle anderen es automatisch für ein attraktives Ziel halten müssen. Das ist natürlich genau so unsinnig, wie anzunehmen, dass alle Leute Spinat mögen, nur weil ich Spinat mag. Aber sagen Sie das mal einem Spinatliebhaber ...

> *Eine wirksame Vision hat ein hohes, aber realistisches Ziel.*

Noch einmal: Realistisch nicht aus Ihrer, sondern aus Sicht jener, die Sie motivieren wollen. Wenn das Ziel nämlich zu hoch gegriffen ist, demotiviert es. Das weiß jeder Bundesliga-Trainer. Von einem neuen Stürmer, den man gerade aus der Oberliga eingekauft hat, erwartet kein vernünftiger Trainer, dass er im ersten Bundesliga-Spiel gleich drei Tore macht. Das wäre nicht ehrgeizig, das wäre größenwahnsinnig.

Wünsche und Wirklichkeit

Dass viele Führungskräfte große Probleme mit einem an sich so simplen Instrument wie der Vision haben, liegt auch daran, dass viele von ihnen Wunsch und Wirklichkeit verwechseln. Betrachten wir noch einmal unsere Mustervision: „ ... mit professionellen, motivierten und zufriedenen Mitarbeitern ... “ Das ist nun wirklich lächerlich. Weil die Unternehmensleitung ein Problem mit der Mitarbeiter-Zufriedenheit hat, versucht sie, es jetzt einfach weg zu formulieren. Nach dem Motto: „Wenn wir unseren Mitarbeitern sagen, dass sie zufrieden sind, sind sie es auch.“ Darf man so einfältig sein? Kann man überhaupt so einfältig sein? Nein, kann man natürlich nicht. Die Topmanager unseres Beispiels sind nicht einfältig, sie beherrschen lediglich ihre Muttersprache nicht.

> *Einer der verbreitetsten Irrtümer besagt, dass ein Wunsch wahr wird, wenn man ihn als Tatsache formuliert.*

Dass das nicht funktioniert, sahen wir eben. Woher kommt dieser Irrtum? Aus den Motivationsseminaren. Dort lernen Manager: „Tu so, als ob der Wunsch schon erfüllt wäre – und der Wunsch erfüllt sich!“ Das funktioniert bei der Selbstmotivation. Wer hat behauptet, dass das auch bei der Fremdmotivation funktioniert? Niemand. Warum übertragen es dann so viele Manager fälschlicherweise? Weil es so einfach ist.

> *Dass etwas einfach ist, macht es noch lange nicht richtig.*

Sonst wäre die einfachste Art, zum Vorstandsvorsitzenden aufzusteigen, sich morgens die Bettdecke über die Ohren zu ziehen. So funktioniert das aber nicht; weder mit dem Vorstandsvorsitz noch mit der Mitarbeiter-Zufriedenheit. Denn mit der Formulierung der Zufriedenheit der Mitarbeiter sind ja die Anlässe für deren Unzufriedenheit nicht beseitigt. Im Gegenteil. Die Mitarbeiter hören aus der Vision heraus: „Die wollen gar nichts gegen unsere Unzufriedenheit tun!"

Inzwischen hat das Elektronik-Unternehmen die Fehlformulierung korrigiert. Die Passage lautet nun: „ ... hoch kompetente Mitarbeiter ... " Und das stimmt zweifellos. Außerdem wurde in die Führungsleitlinien aufgenommen: „Wir tun alles, damit unsere Mitarbeiter einen erstklassigen Job machen können." Das funktioniert, wenn es stimmt, was uns zum nächsten Punkt bringt:

> *Eine Vision wirkt nicht, wenn sie im Gegensatz zur betrieblichen Realität steht.*

Als der Leiter der Reklamation unsere Mustervision zum ersten Mal sieht, lacht er laut: „ ... höchste Qualität garantieren? Bei unserer Reklamationsstatistik? Das kann nur ein Witz sein." Inzwischen wurde auch das korrigiert: „Bis Ende 2006 gehören wir international zu den fünf Umsatzbesten und werden bei drei Vierteln der Kunden als A-Lieferanten geführt." Zugegeben, das verstößt nun gegen das Kriterium der gebotenen Kürze, weil es nicht in eine Zeile passt. Da die meisten Mitarbeiter in diesem Unternehmen jedoch Techniker sind, haben sie mit der Prägnanz keine Probleme. Und Prägnanz ist das wichtigere Kriterium.

Checkliste: Erfolgsfaktoren einer Vision

Eine wirksame Vision ist
1) kurz: ein Satz, eine Zeile
2) prägnant – sie prägt sich automatisch ein
3) konkret (nicht abstrakt oder abstrus)
4) mitreißend, indem sie sagt, wohin es gehen soll
5) ein hohes, aber realistisches Ziel.

Das ist alles superbanal, nicht? Wie eben jede wirksame Manipulation im Grunde banal ist. Man muss nur kurz und konkret ein attraktives Ziel vorgeben, dann sind die Mitarbeiter motiviert. Das ist so einfach, dass es viele nicht hinbekommen.

Was bringt mir das?

Fassen wir kurz zusammen: Wenn eine Vision Ihre Mitarbeiter vom Hocker reißen soll (das soll sie), sollte ihre Formulierung bestimmten formalen Kriterien (fünf, s.o.) genügen. Dies ist die notwendige Voraussetzung für eine wirksame Vision. Aber das reicht nicht. Denn auch für die Vision gilt unser genereller Manipulationsvorbehalt:

> *Der generelle Manipulationsvorbehalt: Was nützt mir das?*

Diesen Vorbehalt haben wir bereits (s. Kapitel 1) kennengelernt: Ein Mitarbeiter tut nur das, was ihm nützt. Wenn Sie wollen, dass er tut, was Ihnen nützt, sollten Sie ihm zeigen, was ihm das nützt. Wie merken Sie, ob ein Mitarbeiter einen Visionsvorbehalt hat? Er zeigt es Ihnen. Natürlich gibt es Manager, die das nicht merken, weil sie keinen Kontakt zu ihren Mitarbeitern haben, der über das Bellen von Befehlen hinausgeht. Solche Neander wollen wir mit unserem Interesse verschonen. Es lohnt nicht. Sie sterben aus.

Normalerweise hat eine Führungskraft genug Kontakt, um zu merken, welche Mitarbeiter von sich aus erkennen, was ihnen die Vision bringt, und welche von ihnen den Nutzen nicht auf Anhieb erkennen können.

> *Eine Vision wirkt, wenn der Mitarbeiter sieht, was sie ihm bringt.*

Wenn also Führungskräfte beklagen, dass sie „die Vision nicht ins Unternehmen hinein bekommen“, dann beklagen sie nicht die Uneinsichtigkeit der Mitarbeiter, sondern ihre eigene Unfähigkeit, die hehre Vision auf die operative Ebene des Mitarbeiters herunter zu brechen. Tatsächlich ist das nicht immer leicht. Wie würden Sie zum Beispiel unsere Mustervision herunterbrechen? „In 2006 unter den besten Fünf.“ Was hat denn der einfache Mitarbeiter davon, dass sein Geschäftsführer damit angeben kann, dass sein Laden zu den Top Five gehört? Herzlich wenig, möchte man sagen.

Irrtum, wie der Marketingleiter unseres Beispielunternehmens auf exakt diesen Einwand hin einer Teamassistentin klar machte: „Sie wissen genau, dass allein in diesem Jahr drei unserer Mitbewerber geschluckt wurden und massig entlassen haben. Von den Top Fünf hat keiner entlassen. Wenn wir dorthin gelangen, ist Ihr Job sicher." Das wirkte. Warum? Weil Arbeitsplatzsicherheit für die Assistentin ein Motivator ist. Doch diesen Motivator musste man der Assistentin erst einmal aufzeigen. Klingt nach Arbeit? Ist es auch.

> *Vision ist Arbeit: Eine Vision will verkauft werden.*

Genau das ist der Job einer Führungskraft, auch wenn das oft vergessen wird. Wenn eine Vision nicht „ins Unternehmen reingeht", dann liegt es nicht an den Mitarbeitern, sondern an der mangelhaften Verkaufsarbeit der Führungskräfte. Lohnt sich diese Arbeit denn? Aber sicher:

> *Wer visionär führt, führt überlegen.*

Wer visionär führt, den kostet die Führungsarbeit keine Kraft, sie gibt ihm/ihr welche. Denn eine Vision ist ein lohnendes Ziel, das Kraft spendet. Führungskräfte mit einer akzeptierten Vision haben erwiesenermaßen eine höhere Frustrationstoleranz, ein geringeres Stressniveau und eine bessere Gesundheit. Sie können mehr wegstecken, weil sie wissen, wofür sie es tun und dass es sich lohnt. Sie sind deshalb auch motivierter. Wer weiß, wofür er jeden Morgen aufsteht und weiß, dass es sich dafür aufzustehen lohnt, steht gerne auf und lässt sich von dieser Vision durch den Tag tragen, anstatt sich durch den Tag zu kämpfen.

Diese überragende Wirkung der Vision gilt nicht nur für den Beruf, sondern auch fürs persönliche und private Leben. Und weil bei 80 Prozent der Menschheit an dieser Stelle ein riesiges Self-Management-Loch klafft, das jährlich Zehntausende in den Burnout oder die Reha-Kliniken treibt, machen wir jetzt einen kleinen Exkurs in persönlicher Vision.

Ihre persönliche Vision

Spricht man auf Führungsseminaren die persönliche Vision an, kommt es oft zu erschütternden Szenen. Jeder Manager weiß, wie wichtig die persönliche Vision ist. Viele ackern seit Jahrzehnten wie verrückt in ihrem Job. Wofür? Das ist die Frage. Viele Menschen stellen nach zwanzig Sekunden Nachdenkens fest, dass das, wofür sie ein ganzes Leben lang gearbeitet haben, eben keine Vision, sondern eine Illusion ist. Dort, wo ihre Vision sein sollte, klafft ein großes Loch.

Wir alle wissen ungefähr, was wir wollen und nicht wollen. Doch wir wissen auch, dass diese vagen Wünsche und diffusen Unzufriedenheiten längst keine Vision sind. Dafür fehlt den Wünschen die Kraft, ertragen wir die Unzufriedenheit schon viel zu lange, um ihnen eine überragende Motivationswirkung zuzuschreiben. Trotzdem sind diese Unzufriedenheiten alles, was Sie brauchen, um Ihre eigene, persönliche Vision zu formulieren. Listen Sie sie einfach mal auf:

Liste meiner Unzufriedenheit

Listen Sie alles auf, womit Sie unzufrieden sind, also zum Beispiel: zu wenig Freiraum im Job, zu viel Stress mit der Familie, ... Womit sind Sie unzufrieden? Halten Sie rechts neben jeder Unzufriedenheit etwas Platz frei, da kommt später noch etwas hinzu.

....

....

....

....

....

....

....

Reicht der Platz nicht aus, nehmen Sie ein größeres Blatt. Erstaunlich, nicht? Wie sehr diese simple Übung schon befreit. Warum haben Sie das nicht schon früher gemacht? Gute Frage. Es befreit, sich den Frust von der Seele zu schreiben. Es befreit viel mehr, als nur darüber nachzudenken. Im Gegenteil.

> *Beim Nachdenken wird der Frust größer, beim Niederschreiben wird er kleiner.*

Man schreibt sich sozusagen frei. Sie brauchen keine Befürchtung zu haben, dass dies eine Endlosliste werden wird. Meist

ist nach zehn bis 20 Unzufriedenheiten Schluss. Wie – Sie haben Ihre Liste noch nicht beisammen? Dann können Sie sich auch nicht befreit fühlen. So geht das übrigens vielen Managern. Sie gehen auf ein teures Seminar und lassen sich dort vom Trainer anleiten, exakt diese Übung zu machen. Das hätten sie mit etwas Eigendisziplin schneller, leichter und kostengünstiger haben können. Wobei es erstaunt, dass manche für eine so einfache Übung die Anweisung eines Trainers benötigen ...

Die meisten Menschen reagieren auf die Liste ambivalent: Erleichtert, weil sie es sich endlich von der Seele geschrieben haben, aber auch beunruhigt, dass sich im Laufe der Jahre so ungeahnt viele Unzufriedenheiten angesammelt haben. Auch deshalb fühlt sich das Leben manchmal so schwer an: Es hat sich zu viel Ballast angesammelt.

> *Stellen Sie sich eine simple Frage: Wie muss meine Welt aussehen, damit ich nicht mehr unzufrieden bin?*

Sie merken es vielleicht schon: Mit dieser simplen Fragen transformieren Sie Unzufriedenheiten in Visionen. Nehmen Sie sich noch einmal die Liste Ihrer Unzufriedenheiten vor und füllen Sie nun den Platz rechts neben den Unzufriedenheiten mit Ideallösungen aus:

Liste meiner Unzufriedenheit

Unzufriedenheiten	**Ich bin zufrieden, wenn ...**
zu wenig Freiraum im Job	... ich in meinen Projekten 80% der Entscheidungen selbst treffen kann.
zu viel Stress mit der Familie	... ich wenigstens eine Stunde am Tag ungestört für mich sein kann.
Konflikte im Team	... wir uns so streiten lernen, dass wir uns danach noch ins Gesicht schauen können.

Das Resultat dieser Transformation: Sie haben zehn bis 20 Einzelvisionen oder eine Vision in zehn bis 20 Punkten. Wobei es selten so viele bleiben. Denn Sie werden schnell feststellen, dass Sie viele Einzelpunkte zusammenfassen können. Diesen Synergie-Effekt hat eine Vision nun mal. Fertigen Manager im Training oder Coaching diese Liste an, berichten sie einhellig über eine vorher für unmöglich gehaltene Sogwirkung. Das ist logisch. Denn beim Anblick der Liste spüren wir bis in unser Innerstes hinein:

> *Das ist es, worauf es in meinem Leben ankommt.*

Damit erlangen Sie Ihre Vision, die Ihnen Kraft gibt, Sie durch alle Alltagsprobleme hindurch trägt, schützt und motiviert. Mit dieser Vision im Hinterkopf haben Sie nie wieder Probleme, Prioritäten zu setzen und Zweitwichtiges „abzuschießen“. Denn nun wissen Sie, was wirklich wichtig ist in Ihrem Leben.

Die Maßnahmen aus dem rechten Teil der obigen Tabelle leiten sich meist automatisch ab. Weiß man endlich, wohin es gehen soll, fallen einem spontan viele Möglichkeiten ein, wie man dorthin gelangen kann. Man weiß ganz einfach, was zu tun ist und bekommt gleichzeitig die Kraft, es zu tun und nicht wie früher ständig aufzuschieben.

> *Wer eine Vision hat weiß, was zu tun ist, und hat auch die Kraft, es zu tun.*

Das gilt natürlich auch für den beruflichen Bereich: Haben Sie eine Vision für Ihren Führungsbereich?

Kurz und kompakt: Visionär führen

- ❑ Nutzen Sie die überragende Motivationswirkung einer Vision.
- ❑ Eine Vision only for the show funktioniert nicht.
- ❑ Eine wirksame Vision ist konkret, prägnant und realistisch.
- ❑ Eliminieren Sie Misserfolgskomponenten aus Ihrer Vision.
- ❑ Getarnte Wünsche und Lügen sind keine Visionen.
- ❑ Hat Ihre Vision Sogwirkung? Nicht nur bei Ihnen, sondern bei 90 Prozent der Mitarbeiter?
- ❑ Eine Vision entwickelt Sogwirkung, wenn sie sagt, wohin es gehen soll.
- ❑ Eine wirksame Vision ist realistisch, aber attraktiv.
- ❑ Fragen Sie sich: Was genau will ich mit meiner Vision bewirken? Und kann sie das, was ich bewirken will, in der vorliegenden Formulierung tatsächlich bewirken?
- ❑ Machen Sie jedem einzelnen Mitarbeiter klar, was er persönlich von der Vision hat.

- ❑ Beobachten Sie, wie Ihre Vision Ihre Mitarbeiter und Führungskräfte zu Höchstleistungen führt.
- ❑ Nutzen Sie die Kraft der Vision auch für Ihr eigenes Leben: Geben Sie sich eine tragende Vision.

Ultrakurzfassung von Kapitel 4	
Unwirksame Manipulation	**Wirksame Manipulation**
Vision zu Show-Zwecken	Vision: konkret, prägnant, attraktiv und realistisch

5 Anweisungen sind was für Amateure

Die Anweisung – ein untaugliches Führungsinstrument

Was sind Manager? Sie sind weisungsbefugt. Die Anweisung ist so alltäglich, dass kaum ein Vorgesetzter je darüber nachdenkt, was er da tut: Er manipuliert. Wer einen anderen anweist, etwas zu tun, was dieser ohne Anweisung nicht getan hätte, der manipuliert.

> *Die Anweisung ist die gebräuchlichste Manipulation bei der Führung.*

Das ist nicht schlimm – denn wie sollte ein Unternehmen denn sonst funktionieren? Von alleine wissen die Mitarbeiter doch nicht, was sie tun sollen! Das stimmt. Die Frage ist nur: Tun sie's denn? Funktioniert die Anweisung als Manipulationsmethode?

Dass Anweisungen nicht (besonders gut) funktionieren, ist jedem klar, der jemals welche gegeben hat. Manager sind die ersten, die dies beklagen:

1) „Meine Leute machen zwar, was ich ihnen sage, aber meist widerwillig, wenig engagiert und selten wirklich so, wie ich mir das vorstelle."
2) „Wenn ich einen Fehler anmahne, muss ich es mindestens dreimal sagen, bevor er abgestellt wird – und dann meist ungenügend."

Das ist Führungsalltag. Manager schieben ihre Leute mit 100 Prozent Einsatz an, um 70 Prozent Ergebnis zu bekommen (wenn's hoch kommt). Diese Diskrepanz ermüdet. Kein Wunder, dass die meisten Führungskräfte abends mit dem Gefühl nach Hause gehen, viel geschafft und wenig erreicht zu haben. Warum ist das so? Manche haben eine Erklärung parat: „Die Mitarbeiter sind eben lustlos und passiv und arbeiten schlampig." Das ist eine mögliche Erklärung. Eine andere ist:

> *Wenn ein Mensch nicht tut, was Sie ihm anweisen, kann es am Menschen liegen oder an der Anweisung.*

Anders ausgedrückt: Die Anweisung ist ein untaugliches Führungsinstrument.

Warum die Anweisung versagt

Die Einsicht in das Versagen der Anweisung ist auf Manipulations-Seminaren für die meisten Führungskräfte ein echter Schock. Ausgerechnet jenes Mittel, das mit Abstand am häufigsten im Führungsalltag verwendet wird, ist ein Rohrkrepierer.

Betrachten wir ein Beispiel aus der Führungspraxis. In einem deutschen Metallbau-Unternehmen liegen aus einigen Abteilungen Klagen über die „schlampige und unwillige" Abwicklung bestimmter Einkaufsaufträge durch die Einkaufsabteilung vor. Der kaufmännische Leiter sagt zum Einkaufsleiter: „Hauen Sie endlich auf den Tisch! Reden Sie mit Ihren Mitarbeitern!"

Ist diese Anweisung klar? Aber sicher. Deshalb geht der kaufmännische Leiter auch davon aus, dass sie

- befolgt wird
- den Missstand abstellt.

Soweit einverstanden? Entschuldigung, aber damit kann man nicht einverstanden sein.

> *Dass etwas klar ist, heißt nicht, dass es auch wirkt.*

Manager und Managerinnen, die sich darüber beklagen, dass ihre Mitarbeiter nicht das tun, was sie ihnen klipp und klar sagen, verwechseln Klarheit mit Wirksamkeit. Was wirkt, ist klar. Aber was klar ist, muss noch lange nicht wirken. Machen Sie die Probe aufs Exempel. Nehmen Sie den kaufmännischen Leiter beim Wort: „Reden Sie mit Ihren Mitarbeitern!" Der Einkaufsleiter nimmt ihn beim Wort – und redet mit seinen Leuten übers Wetter. Wirkt das? Nein. Warum nicht? Das betrachten wir jetzt.

Zwei Gründe, weshalb Anweisungen nicht befolgt werden

„Reden Sie mit Ihren Mitarbeitern!" Diese Anweisung ist mehr als klar. Denn sie beschreibt exakt eine zu ergreifende Maßnahme. Führungskräfte benutzen ständig diese Art der Anweisung: „Tun Sie dies!" „Tun Sie jenes!" „Machen Sie X!" „Führen Sie eine Y durch!"

Nach einer Maßnahmen-Anweisung weiß der Mitarbeiter exakt, *was* er tun soll. Und exakt aus diesem Grund macht er es regelmäßig nicht oder schlecht. Denn er weiß zwar, *was* er tun soll, aber nicht:

- Warum?
- Wozu?
- Mit welchem Ziel?
- Wann exakt ist der Chef mit mir zufrieden?

Damit ist offensichtlich, warum die direkte Anweisung nicht funktionieren *kann*: Wie soll ein vernünftiger Mensch etwas zu Ihrer Zufriedenheit erledigen, wenn er noch nicht einmal weiß, warum und wozu er es tut und welches Ergebnis er bringen muss, damit Sie mit ihm zufrieden sind? *Sie* würden das doch auch nicht tun, also warum der Mitarbeiter? Die direkte Anweisung versagt als Manipulationsmethode kläglich, weil sie

1) extrem demotiviert: Wer das Warum? und Wozu? nicht kennt, macht auch das Was? recht unmotiviert.
2) den Mitarbeiter im Unklaren lässt, was Sie von ihm erwarten: Welches Ziel und welches Zielniveau soll er erreichen?

> *Die direkte Anweisung zerstört Motivation und Produktivität Ihrer Mitarbeiter.*

Das ist allerdings ein starkes Stück: Jeder Vorgesetzte, der eine Anweisung ausspricht, sabotiert sich selbst! Heißt das, dass Sie niemals eine Anweisung aussprechen dürfen? Nein, das heißt es nicht. Anweisungen sind ja nicht zu 100 Prozent ineffektiv, sondern nur zu 80 Prozent. In den restlichen 20 Prozent tut der Mitarbeiter, was Sie ihm anweisen. Warum? Weil ihm in diesen Fällen schon von sich aus klar ist

1) warum
2) wozu
3) mit welchem Ziel
4) mit welchem Leistungsgrad

er die Anweisung ausführen soll.

Wenn dem Mitarbeiter sowieso schon alles klar ist, funktioniert die Manipulation also. Doch genau dann, wenn Sie sie am nötigsten bräuchten, versagt sie: Wenn dem Mitarbeiter einiges unklar ist. Aber das ist noch nicht alles. Es gibt noch einen dritten Grund, weshalb die direkte Anweisung scheitern muss: Sie widerspricht meist Ihren eigenen Zielen.

Wer anweist, widerspricht sich selbst

Nehmen wir unser Beispiel aus dem Einkauf. Der kaufmännische Leiter weist den Einkaufsleiter an: „Reden Sie mit Ihren Mitarbeitern!" Doch die Probleme im Einkauf liegen nicht an der Motivation der Mitarbeiter, wie der kaufmännische Leiter annimmt. Sondern an einigen ablauforganisatorischen Regelungen, welche die Arbeit der Mitarbeiter – aus deren Sicht – künstlich erschweren. Wenn nun der Einkaufsleiter, wie er angewiesen wurde, mit seinen Leuten über deren Motivation reden würde, anstatt die Prozessengpässe zu beseitigen, würden diese unweigerlich den Eindruck gewinnen, dass ihr Vorgesetzter die Orientierung verloren hat und dummes Zeug redet, anstatt die Prozesshindernisse zu beseitigen.

Wer eine *Maßnahme* anordnet, riskiert damit, seine Mitarbeiter in das künstliche Dilemma zu bringen, dass sie

- entweder das gesetzte Ziele nicht erreichen, wenn sie die angeordnete Maßnahme ausführen.
- oder das Ziel nur dann erreichen, wenn sie die angeordnete Maßnahme *nicht* ausführen, sondern jene, die das Ziel tatsächlich erreicht.

In dieses Dilemma bringen Sie Ihre Mitarbeiter täglich, wenn Sie Maßnahmen anweisen. Und Sie wundern sich, dass die Leute nicht voll bei der Sache sind? Die haben anderes zu tun. Die überlegen krampfhaft, wie sie diesem Dilemma entkommen können!

Sagen Sie Ihren Mitarbeitern einfach, was Sie von ihnen erwarten

Wenn direkte Anweisungen in 80 Prozent der Fälle nicht effektiv sind, was ist dann effektiv? Sie wissen es bereits: Sagen Sie Ihrem Mitarbeiter nicht (nur), was er tun soll, sondern vielmehr
1) warum
2) wozu
3) mit welchem Ziel und
4) welchem Zielgrad er das tun soll.

Kommunizieren Sie weniger *Maßnahmen* als vielmehr *Erwartungen.*

> *Sagen Sie Ihren Mitarbeitern nicht (nur), was sie tun sollen. Sagen Sie Ihren Mitarbeitern auch, was Sie von ihnen erwarten.*

Ein kleiner Unterschied, der einen großen Unterschied macht. Betrachten wir vergleichend
- die Anweisung: „Reden Sie mit Ihren Mitarbeitern!"
- die entsprechende Erwartung: „Herr Meier, ich erwarte von Ihnen, dass die Unstimmigkeiten in Ihrer Abteilung geregelt werden und zwar so, dass ich bis Quartalsende keine Beschwerden mehr von anderen Abteilungen kriege!"

Welche Manipulation funktioniert besser? Rhetorische Frage; die Erwartung natürlich.

> *Anweisungen manipulieren nicht. Erwartungen manipulieren.*

Wenn Führungskräfte Maßnahmen anweisen, wehren sich Mitarbeiter oft mit Händen und Füßen dagegen, erfinden die abstrusesten Ausreden – Sie kennen das ja. Doch wenn Sie Erwartungen aussprechen, laufen die Leute plötzlich los, als hätten Sie den Turbo gezündet.

> *Wenn Mitarbeiter nicht tun, was Sie von ihnen erwarten, liegt es daran, dass Sie nicht klar genug gesagt haben, was Sie von ihnen erwarten.*

Wenn es so einfach ist, Mitarbeiter zu manipulieren, warum machen das dann nicht alle Führungskräfte? Warum führen die meisten immer noch mit Maßnahmen, statt mit Erwartungen? Weil die meisten glauben: „Aber die wissen doch, was ich meine!"

„Die wissen doch, was ich meine!"

Neulich sagte ein Bereichsleiter zu einem Abteilungsleiter bei einem deutschen Elektro-Konzern: „Bringen Sie endlich Ordnung in Ihre Abteilung!" Was heißt das? Soll er die Papierkörbe leeren, die Schreibtische aufräumen und die Fenster putzen? Wissen Sie, was auf diesen Einwand hin der Bereichsleiter erwiderte? Sie wissen es: „Der weiß schon, was ich meine!"

> *Dass Ihre Mitarbeiter nicht wissen, was Sie meinen, beweisen sie täglich unfreiwillig.*

Ihre Mitarbeiter wissen eben nicht, was Sie von ihnen erwarten – sonst würden sie es tun!

> *Wenn ein Mitarbeiter seine Arbeit schlampig macht, liegt es daran, dass der Vorgesetzte seine Erwartungen schlampig formuliert hat.*

Unser Bereichsleiter von eben formulierte seine Erwartungen so: „Der weiß schon, was ich meine!“ Unser kaufmännischer Leiter oben formulierte sie so: „Herr Meier, ich erwarte von Ihnen, dass die Unstimmigkeiten in Ihrer Abteilung geregelt werden und zwar so, dass ich bis Quartalsende keine Beschwerden mehr von anderen Abteilungen kriege!“ Sagen Sie selbst: Welche Erwartung ist klarer formuliert?

> *Erwartungen müssen ausgesprochen werden.*

Erwartungen soll man nicht hegen, man muss sie aussprechen. Kein Mitarbeiter kann Gedanken lesen. Warum kann der kaufmännische Leiter seine Erwartungen klar formulieren und der Bereichsleiter nicht?

Warum Manager nicht sagen, was sie wollen

Warum können erfolgreiche Manager sehr wohl und sehr klar ihre Erwartungen formulieren? Das hat einen einfachen Grund:

> *Klarheit im Sprechen erfordert Klarheit im Denken.*

Diese Klarheit fehlt vielen. Zum Beispiel unserem Bereichsleiter. Er weiß, dass etwas in der Abteilung nicht stimmt und dass das abgestellt werden muss. Aber er hat keine Ahnung, was konkret er erwartet. Unser zitierter kaufmännischer Leiter dagegen hat Klarheit in seine Gedanken gebracht. Er weiß

- was er will: Ordnung in der Abteilung
- bis wann er es will: bis Quartalsende
- mit welchem Ziel er es will: Beschwerden-Reduktion
- mit welchem Zielniveau er es will: null Beschwerden von anderen Abteilungen

Oder um es ganz einfach zu formulieren:

> *Die Anweisung von Maßnahmen hat eine Misserfolgsquote von 70%. Die Manipulation mit Erwartungen hat eine Erfolgsquote von 70%.*

Welche Quote gefällt Ihnen besser?

Die Fehlerkorrektur

Wenden wir uns einem Spezialfall der Anweisung zu; der Fehlerkorrektur:
„Ich will, dass das sofort aufhört!"
„Das darf nicht wieder vorkommen!"
„Stellen Sie das umgehend ab!"
„So dürfen Sie aber nicht mit einem Kunden reden!"

Was sind solche Anweisungen? Sie sind zunächst extrem manipulativ. Schließt man versehentliche Fehler aus, dann wollen diese Anweisungen Verhaltensweisen abstellen, die der Mitarbeiter ohne die Anweisung nicht abstellen würde – also manipuliert die Anweisung. Wie wirksam sind solche Manipulationen? Sie wissen es aus eigener Erfahrung: Manchmal muss man es den Leuten hundertmal sagen, bevor sie einen Fehler abstellen. Und das ist völlig logisch. Betrachten Sie die obigen vier Anweisungen: Danach weiß der Mitarbeiter nur, was er *nicht* tun soll. Was er stattdessen tun soll, erfährt er nicht.

Mitarbeiter sind in dieser Hinsicht schlauer als die meisten Vorgesetzten. Auf ihrer „Mängelliste" für Vorgesetzte taucht regelmäßig der Punkt auf: „Der kommt hier einmal in der Woche rein und sagt uns, was alles nicht sein soll. Erstens ist das eine Unverschämtheit. Dass einige Dinge nicht so sein sollten wie sie sind, wissen wir auch. Aber was viel schlimmer ist: Das hilft uns nicht weiter! Der soll uns nicht sagen, was nicht sein soll, sondern wie wir das, was sein soll, erreichen sollen!"

Warum leisten sich Vorgesetzte einen derart folgenschweren Fehler?

Fehler in Ziele transformieren

Warum fallen Manager immer wieder auf die wirkungslose Fehlerkorrektur herein? Die meisten nicht deshalb, weil sie dumm sind, sondern weil das ein sehr menschlicher Reflex ist.

> *Der Korrekturreflex: Fehler? Verbieten!*

Das ist ein so festgefahrenes Verhaltensmuster, dass es uns unbewusst unterläuft. Oder anders formuliert: Man hat uns einfach die falsche Manipulationsmethode beigebracht. Dabei *kann* das Fehlerverbieten gar nicht funktionieren. Stellen Sie sich vor, Sie verbieten sich aus Gründen der Figur das zweite Pils am Feierabend. Das funktioniert nicht. Sie trinken es garantiert wieder. Wenigstens müssen Sie es sich viele Male vornehmen, bis es endlich funktioniert. Warum? Weil Sie ein festgefahrener alter Sack sind, wie die innere Stimmen suggeriert? Mitnichten. Der Grund ist ein ganz anderer: Weil die Alternative fehlt. Sie wissen, was Sie nicht tun sollen. Was Sie stattdessen tun sollen, wissen Sie dagegen nicht. Doch Sie können etwas nur erreichen, wenn Sie wissen, was Sie wollen:

> *Nur Ziele kann man erreichen.*

Hat man kein Ziel, erreicht man es auch nicht. Nun glauben viele, dass ein Nicht-Ziel auch ein Ziel sei: „Tu das nicht mehr!“ Das ist Unfug. Denn was soll man stattdessen tun? Das wird nicht gesagt. Deshalb wird es nicht erreicht.

> *Nicht-Ziele sind keine Ziele.*

Tatsächlich sind die meisten unserer geschäftlichen und privaten Ziele Nicht-Ziele – schauen Sie doch mal nach. Was ist also nötig? Dass wir die Fehler, die Nicht-Ziele in Ziele transformieren. Das geht relativ einfach, wie wir oben an unserem kaufmännischen Leiter gesehen haben. Es erfordert lediglich

A) dass Sie den Reflex der Nicht-Manipulation erkennen, bevor er auftritt
B) dass Sie nachdenken, welches Ziel denn auf den aktuellen Missstand passen würde.

Viele Manager kriegen das mit etwas Disziplin zustande. Wenn der Fehlerreflex jedoch zu stark ist, empfiehlt es sich, die Unterstützung eines Coaches zu holen.

Die Verantwortungsfalle

Wir haben oben drei Gründe kennengelernt, weshalb die beliebteste Alltagsmanipulation von Führungskräften nicht funktioniert: Nach einer normalen Anweisung weiß ein Mitarbeiter zwar, *was* er tun soll, aber nicht

1) warum und wozu er es tun soll.
2) welches Endergebnis Sie konkret von ihm erwarten.
3) wie der Widerspruch zwischen Maßnahmen und impliziten Zielen zu lösen ist.

Es gibt noch einen vierten Grund. Diesen Grund haben wir bis zuletzt aufgespart, weil er eines der größten Führungsgeheimnisse beinhaltet:

> *Wer sich nicht verantwortlich fühlt, leistet schlechte Arbeit.*

Warum bauen Mitarbeiter in ihrer Freizeit Häuser für 250 000 Euro, schaffen es aber in ihrer Arbeitszeit noch nicht einmal, für 25 Euro die richtigen Schrauben zu bestellen? Weil sie sich für das Haus verantwortlich fühlen, für die Schrauben nicht. Wer sich verantwortlich fühlt, leistet gute Arbeit.

Viele Führungskräfte wissen das. Deshalb fordern sie von ihren Mitarbeitern: „Zeigen Sie mehr Verantwortung!" Das ist, mit Verlaub, einer der plumpsten Manipulationsversuche, den man sich vorstellen kann. Warum? Weil er nicht wirkt. Und das merkt irgendwann selbst der schwerfälligste Manager. Es *kann* gar nicht funktionieren. Denn wenn Sie einem Mitarbeiter, der nicht genug Verantwortung zeigt, lediglich sagen müssten, dass er mehr Verantwortung zeigen soll – dann gäbe es keine verantwortungslosen Mitarbeiter! Nein, der Zusammenhang ist ein ganz anderer:

> *Wer keine Verantwortung zeigt, dem hat man sie genommen.*

Zum Beispiel dadurch, dass man ihm haarklein vorschreibt, was er tun soll. Warum sollte er für so eine vorgekaute, hirnlose Aufgabe Verantwortung zeigen? Können Sie sich vorstellen, wie einfach Ihr Job wird, sobald Ihre Mitarbeiter sich für ihre Arbeit genauso verantwortlich fühlen wie für ihren Hausbau oder ihre Hobbys?

> *Führen heißt nicht, Maßnahmen anzuweisen (das kann jeder Sachbearbeiter auch). Führen heißt, Verantwortung zu übertragen.*

Sie glauben, es sei schwierig, Verantwortung zu übertragen? Keineswegs.

Verantwortung übertragen

Betrachten wir einen Fall, der sich vor kurzem in einem metallbearbeitenden Betrieb ereignete. Im Foyer wackelt ein Regal für Werbematerialien bedenklich. Der Innendienstleiter sagt zu einem Innendienst-Mitarbeiter: „Das Regal im Foyer kippt demnächst um. Besorgen Sie mal zwei Dutzend Dübelschrauben samt Dübeln."

Nun wissen wir inzwischen – wenn wir es nicht schon vorher wussten – dass so eine Anweisung ein schlimmer Führungsfehler und eine völlig untaugliche Manipulation ist. Wir können uns bildhaft vorstellen, wie der angewiesene Mitarbeiter denkt oder sagt: „Das auch noch? Ich habe schon genug zu tun!" Er ist demotiviert – aber das ist er gewohnt. Schließlich wird er ständig nach diesem Muster manipuliert. Also besorgt er denkbar schlecht gelaunt zwei Dutzend Schrauben – und stellt beim Ortstermin erstaunt fest, dass es die falschen sind! Das Regal ist ein Systemregal, für das Spezialschrauben benötigt werden.

Der ID-Leiter ist außer sich: „Der Mann ist zu dumm, um für 25 Euro die richtigen Schrauben zu kaufen!" Aber ganz im Gegenteil. Der ID-Leiter ist zu dumm für *seinen* Job. Er mag zwar ein hervorragender Verwaltungsbeamter sein, doch von Führung hat er keine Ahnung. Das beweist ihm peinlicherweise der örtliche Niederlassungsleiter. Der nimmt den völlig frustrierten Innendienst-Mitarbeiter beiseite und fragt: „Nun hat das mit den Schrauben ja nicht so toll geklappt. Aber das Regal wackelt immer noch. Ich möchte, dass es bis Ende der Woche bombensicher steht. Was schlagen Sie vor?"

Der NL-Leiter ist ein kleines Führungsgenie. Nicht nur, dass er seine Erwartungen glasklar kommuniziert. Das heißt, er kommuniziert

1) das Warum: Das Regal wackelt.
2) das Wozu: Es soll sicher stehen.
3) das Ziel: Bis Ende der Woche ein feststehendes Regal.
4) das Zielniveau: Das Regal soll nicht nur nicht mehr wackeln, sondern „bombensicher" stehen.

Er tut darüber hinaus noch etwas anderes. Ist es Ihnen aufgefallen? Der NL-Leiter verkneift es sich, einen Vorschlag zu machen. Er schreibt also nicht wie der ID-Leiter vor, was der Mitarbeiter tun soll („Schrauben besorgen!"). Er manipuliert ihn also nicht, indem er ihm eine Aufgabe reindrückt, sondern lässt ihn selbst vorschlagen, was dieser tun möchte. Warum tut er so etwas Seltsames? Eine Führungskraft muss doch ganz klar sagen, wo's lang geht! Nein, das glauben nur Amateure. Wer jemals Mitarbeiter führte, weiß, dass „Sagen wo's lang geht“ eine der wirkungslosesten Manipulationsmethoden ist. Denn:

> *Wer sagt, wo's langgeht, entzieht Verantwortung.*

Diesen Zusammenhang verstehen viele Führungskräfte nicht. Aber Sie erkennen ihn? Dann lassen Sie 80 Prozent Ihrer Kollegen hinter sich...

Die Kontrolle behalten

Die meisten machen es genau verkehrt herum. Sie delegieren eine Maßnahme und fordern dann: „Übernehmen Sie gefälligst die Verantwortung dafür!“ Das ist so, als ob man Wasser in eine Öllampe füllt und dann fordert: „Es werde Licht!“

> *Wer verantwortliche Mitarbeiter will, darf ihnen nicht die Verantwortung nehmen.*

Wer verantwortliche Mitarbeiter möchte, sollte ihnen neben der Aufgabe auch die Verantwortung delegieren. Das ist die bessere Manipulation. Die meisten Manager haben davor eine Heidenangst: „Aber im Endeffekt bin doch wieder ich dafür verantwortlich!“ Das ist natürlich Käse. Denn das impliziert, dass man den Mitarbeiter machen lässt, was er will. Das beweist nur wieder, wie wenig viele Menschen von Manipulation verstehen. Unser NL-Leiter versteht etwas davon. Er stellt eine einzige Frage, „Was schlagen Sie vor?“ und überträgt damit die Verantwortung, *ohne ein einziges Risiko* einzugehen und ohne auch nur ein Stückchen Kontrolle zu verlieren. Denn wenn ihm der Vorschlag des Mitarbeiters nicht gefällt, kann er einen anderen Vorschlag anfordern! So einfach ist Manipulation. Das heißt: Verantwortung abgeben *und* die Kontrolle behalten schließen sich nicht aus. Beides passt sehr gut zusammen.

> *Sie können Verantwortung übertragen und gleichzeitig die volle Kontrolle behalten.*

Wie ging die Geschichte aus? Der ID-Mitarbeiter antwortete auf die Frage des NL-Leiters nach neuen Vorschlägen: „Keine Ahnung, was wir tun sollen, das scheint ja ein bescheuertes Regal zu sein." Darauf fragte der NL-Leiter noch einmal: „Also was schlagen Sie vor?" Der ID-Mitarbeiter schlug vor, sich das Regal erst einmal in Ruhe anzusehen – das musste er vorher nicht, denn vorher war er nicht dafür verantwortlich. Er musste ja lediglich Schrauben besorgen. Als er sich das Regal genauer besehen hatte, war ihm die Lösung klar. Sie kostete noch nicht mal einen Cent: Die richtigen Dübel und Schrauben waren längst im Hause vorhanden.

Wer einem Mitarbeiter nicht nur die Aufgabe, sondern auch die Verantwortung überträgt, behält das, was er behalten will, die volle Kontrolle, und gibt genau das ab, was er los werden möchte: die Arbeit, den Zeitaufwand.

Kurz und kompakt: Vergessen Sie Anweisungen!

- Die direkte Anweisung einer Maßnahme („Machen Sie XY!“) ist eine der erfolglosesten Manipulationsmethoden überhaupt.
- Sie versagt in circa 80 Prozent der Fälle, weil sie dem Mitarbeiter alles zur Zielerreichung Wesentliche vorenthält.
- Sagen Sie dem Mitarbeiter daher nicht (nur), was er tun soll, sondern vielmehr, was Sie von ihm erwarten, also
  1) warum
  2) wozu
  3) mit welchem Ziel
  4) bis zu welchem Zielerreichungsgrad er es tun soll.
- Kurz: Sagen Sie Ihren Mitarbeitern nicht (nur), was sie tun sollen, sondern was Sie von ihnen erwarten.
- Viele Manager glauben, dass die Mitarbeiter „schon wissen, was ich von ihnen erwarte“. Das ist in 90 Prozent der Fälle eine Fehlannahme.
- Verbieten Sie Fehler nicht. Sagen Sie dem Mitarbeiter nicht, was Sie nicht wollen. Sagen (besser: fragen) Sie ihm lieber, was er tun kann, damit der Fehler nie wieder vorkommt.
- Wenn Sie einem Mitarbeiter eine Maßnahme anweisen, nehmen Sie ihm damit die Verantwortung: Er wird die Maßnahme schlecht durchführen.
- Verantwortung übergeben Sie am einfachsten, indem Sie den Mitarbeiter so lange nach einem eigenen Vorschlag für eine Maßnahme fragen, bis er einen macht, den Sie akzeptieren können.
- Geben Sie die Verantwortung ab, aber behalten Sie die Kontrolle.

- [ ] Beobachten Sie entspannt und entlastet, wie die Übergabe von Verantwortung besser manipuliert als das beste Einheizen, der schlimmste Druck und die wüstesten Drohungen.

Ultrakurzfassung von Kapitel 5	
Unwirksame Manipulation	**Wirksame Manipulation**
Anweisung erteilen	Verantwortung erteilen: Sagen Sie dem Mitarbeiter, warum und wozu er welches Ziel wie weit erreichen soll

6 Mitarbeiter manipulieren Manager

Mitarbeiter manipulieren: Problem? Welches Problem?

In diesem Buch lernen Sie, erfolglose Manipulationsmethoden abzulegen und erfolgreich zu manipulieren. Leider reicht das nicht. Denn die Menschen um Sie herum manipulieren möglicherweise weitaus erfolgreicher als Sie.

> *Die meisten Mitarbeiter manipulieren besser als ihre Chefs.*

Dass Manager manipulieren, ist allgemein bekannt. Dass Mitarbeiter manipulieren, ist den meisten dagegen völlig unbekannt. Woran wir das erkennen? Daran, dass sich die meisten Vorgesetzten derart von ihren Mitarbeitern manipulieren lassen, dass sich die Mitarbeiter hinter dem Rücken des Vorgesetzten darüber schieflachen.

Betrachten wir die Manipulationsmethoden der Mitarbeiter am konkreten Beispiel. Nehmen wir dazu das Beispiel aus Kapitel 5, weil es so einfach ist, dass man sich kaum vorstellen kann, dass der Vorgesetzte sich dabei von einem Mitarbeiter manipulieren lässt. Lange bevor das Regal endlich repariert wurde, versuchte nämlich bereits der Kundendienstleiter, einen seiner Monteure dazu zu bringen, das Regal zu reparieren:

„Das Regal im Foyer wackelt. Kümmern Sie sich mal darum!“

„Ach, das wackelt doch gar nicht. Das steht nur ein wenig schief. Das ist doch ganz normal bei solchen billigen Wandregalen.“

Das kennen wir alle. Sobald man den Mund aufmacht und einem Mitarbeiter eine Aufgabe gibt, die etwas über den Rahmen der reinen Routinetätigkeiten hinausgeht, zickt dieser. Das glauben Sie wirklich? Das ist ein Irrtum. Der Mitarbeiter zickt nicht, er manipuliert. Wenn Sie genau hinhören, hören Sie den Mitarbeiter sogar hinter dem Rücken des Vorgesetzten kichern. Er hat nämlich nicht gezickt, er hat ihn hereingelegt, was er gegenüber seinen Kollegen genüsslich herausstreicht: „Der Alte wollte mir eben wieder so eine Handlanger-Arbeit reindrücken. Das habe ich ihm ausgeredet. Was glaubt der denn, wer ich bin! Ich bin doch nicht der Hanswurst vom Dienst!“ Die meisten Mitarbeiter sind weder passiv, noch lustlos, noch faul. Sie möchten sich lediglich vor unbequemen Aufgaben schützen – eine durchaus verständliche Absicht, die auch von Erfolg gekrönt ist, weil sich die meisten Vorgesetzten tadellos manipulieren lassen.

Um eines klar zu stellen: Die meisten Mitarbeiter manipulieren ihre Vorgesetzten nicht bewusst. Ihnen ist die Manipulation bereits so in Fleisch und Blut übergegangen, dass sie gar nicht mehr bewusst registrieren, wie gerissen sie kommunizieren – ein beneidenswertes Talent.

Die Manipulation der Mitarbeiter (und anderer gerissener Manipulateure wie Beziehungspartner, Kinder, Schwiegereltern, Verwandte, ...) hat Methode. Sie folgt einem System aus vier Eskalationsstufen. Beginnen wir bei der ersten Manipulationstechnik:

> *Mitarbeiter manipulieren Manager, indem sie die Existenz dessen leugnen, was der Manager sagt.*

Unser Beispielmanager sagt: „Das Regal wackelt" Der Mitarbeiter erwidert: „Wackelt doch gar nicht!" Beobachten Sie einmal Ihre betriebliche Kommunikation aufmerksam: Es wird Ihnen relativ oft passieren, dass Sie etwas erreichen, ändern, veranlassen wollen, gegen das Mitarbeiter mit der Begründung Einwand erheben, dass es „gar nicht so" sei. Typisch ist zum Beispiel, dass Mitarbeiter bei Ihren Anweisungen nicht die Anweisung an sich in Frage stellen. Das wäre eine viel zu plumpe Manipulation. Mitarbeiter wissen: Darauf fallen Sie nicht herein! Der Mitarbeiter sagt also nicht: „Das mache ich nicht!" Das wäre Arbeitsverweigerung.

Er sagt vielmehr: „Das ist doch gar nicht so! (Also brauche ich es auch nicht zu tun!)" Eine viel elegantere Manipulation, wie die Realität zeigt: Die meisten Führungskräfte fallen darauf herein, was vor allem beim Change Management unschön zu beobachten ist. Die Topmanager sagen: „Wir müssen restrukturieren, prozessoptimieren und die Qualität steigern, weil wir sonst den Anschluss verlieren!" Was sagen die Mitarbeiter? Sie sagen nicht: „Machen wir nicht!" Sie sagen: „Ach was, wir sind doch in der Qualität bereits jetzt schon spitze – also wozu die Aufregung?"

Kontermanipulation 1: Existenz einblenden

Mitarbeiter leugnen in der Regel die Existenz eines Problems oder eines Veränderungsbedarfes so lange, bis ihr Job bedroht ist – die meisten darüber hinaus. Deshalb sind etliche Ihrer Mitarbeiter so passiv und lustlos: Wo Sie einen Handlungsbedarf sehen, sehen Ihre Mitarbeiter keinen. Sie bestreiten schlicht (verbal oder hinter vorgehaltener Hand) die Existenz des Problems: „Das ist doch kein Problem!“

Und ausgerechnet so einem Mitarbeiter geben Sie die Anweisung: „Lösen Sie das Problem so und so.“ Welches Problem? Der Mitarbeiter hat keines. Einem Mitarbeiter, der kein Problem sieht, können Sie nicht mit Lösungen und Anweisungen kommen.

Na, so eine Unverschämtheit! Was bildet sich der Mitarbeiter überhaupt ein? Ärgern Sie sich nicht. Das bringt nichts. Denken Sie konstruktiv: Wie schaffen Sie es, dass der Mitarbeiter das Problem sieht? So denkt ein erfolgreicher Manipulateur.

> *Leugnet ein Mitarbeiter einen Handlungsbedarf, erschlagen Sie ihn mit Belegen.*

Bevor Sie über Lösungen, Aufgaben und Anweisungen reden, müssen Sie dem Mitarbeiter das Problem sichtbar machen, indem Sie
- ausführlich und erschöpfend Beispiele für das Auftreten des Problems aufzählen
- Belege anführen, die zeigen, dass das Problem unwiderlegbar existiert.

Auf unser simples Beispiel angewandt: „Fast täglich fallen Prospekte aus dem Regal, weil es so wackelt, in den Fliesen sind schon Löcher, weil die Regalbeine kippeln und Sie wollen behaupten, das Regal wackle gar nicht?“

Natürlich weiß der Mitarbeiter auch, dass das Regal wackelt. Das wusste er vorher schon. Doch jetzt weiß er auch: Dieser Vorgesetzte lässt sich nicht manipulieren. Er weiß, wie man Manipulationen kontert. Wie? Indem man konsequent das wieder einblendet, was der Mitarbeiter bei seiner Manipulation ausblendet: die Existenz eines Problems.

> *Das oberste Prinzip der Kontermanipulation: Blenden Sie wieder ein, was der Mitarbeiter ausblendet.*

Natürlich gilt: Es gibt auch Mitarbeiter, die nicht manipulieren! Ihnen gebührt unsere Hochachtung – und hoffentlich Ihr regelmäßiges Feedback. Aber über sie reden wir hier nicht, weil sie unproblematisch sind. Wir reden hier über die Problemfälle. Und denen sollten Sie einblenden, was diese ausblenden.

Ungefähr 25 Prozent aller Mitarbeiter geben sich nach dieser ersten Runde geschlagen: Sie erkennen Sie als Meister der Manipulation an und übernehmen die Aufgabe.

Was fangen Sie mit den restlichen 75 Prozent an?

Kontermanipulation 2: Relevanz einblenden

75 Prozent aller manipulativen Mitarbeiter überstehen die erste Runde und schlagen zurück:
„Naja, es wackelt schon – aber doch nur ganz leicht!“
„Wir haben Handlungsbedarf – aber so schlimm ist‘s doch nicht!“

„Wir haben ein Problem – aber so groß ist es auch wieder nicht!“

> *Mitarbeiter manipulieren Manager, indem sie die Relevanz ihrer Aussagen leugnen.*

Diese Manipulationsmethode verursacht den typischen Führungsfrust: Wir alle engagieren uns 120-prozentig, um unseren Bereich vorwärts zu bringen. Doch unsere Mitarbeiter hängen sich nur 70-prozentig rein. Warum? Weil sie all das, was wir für supernötig halten, nur 70-prozentig wichtig nehmen. Sie können sich zwar zu Ihrem ersten Erfolg gratulieren: Der Mitarbeiter akzeptiert jetzt einen Handlungsbedarf, den er vorher noch leugnete. Doch jetzt versucht er manipulativ, die Sache zu verniedlichen: „Alles gar nicht so schlimm!“

> *Mitarbeiter manipulieren, indem sie verniedlichen.*

Wie schaffen Sie es, dass der Mitarbeiter Ihre Einschätzung der Relevanz teilt? Die Antwort vieler Vorgesetzter auf diese Frage lautet: mit Nachdruck! So sagt ein Vorstandsmitglied eines Kunststoff-Verarbeiters: „Ich mache den Leuten immer wieder klar, wie wichtig das ist!“ Er hält das für angemessen. Seine Mitarbeiter lachen über ihn. Denn wenn ein Mitarbeiter ein Problem für eine Bagatelle hält, dann hält er es für eine Bagatelle, auch wenn man tausendmal sagt: „Es ist wichtig! Es ist wichtig! Es ist wichtig! ... “ Schade, dass viele Manager nicht hören, wie hinter ihrem Rücken über sie gelacht wird ...

> *Nachdruck hat noch keinen überzeugt.*

Denn auch Nachdruck ist Druck. Und wie schlecht Druck manipuliert, haben wir gesehen (s. Kapitel 3). Was hilft, wenn selbst Druck nicht hilft? Sie wissen es bereits: Blendet der Mitarbeiter aus, blenden Sie ein.

> *Leugnet ein Mitarbeiter die Relevanz eines Problems, zeigen Sie ihm die Folgen, die sich für ihn persönlich daraus ergeben.*

Denn die Folgen schaffen sehr schnell eine Relevanz, der sich kein Mitarbeiter entziehen kann. Wenn jemand ein echtes Problem für eine Bagatelle hält, dann nur, weil er sich nicht dessen Konsequenzen bewusst ist. Das heißt: Sie sind ihm tatsächlich nicht bewusst oder er möchte sie so lange lieber vergessen, bis Sie ihn mit der Nase drauf stoßen (im übertragenen Sinne natürlich): Zeigen Sie die Konsequenzen auf. Hart, unbarmherzig, vielleicht sogar überzeichnet (aber realistisch und glaubwürdig überzeichnet).

Dazu ein Beispiel. Ein bekannter Zulieferer für Autositze war in den frühen 90er-Jahren von der Auslistung bedroht. Der Geschäftsführer predigte monatelang: „Wir müssen billiger produzieren, sonst fliegen wir aus unserem Liefervertrag!" Was passierte? Nichts. Weil die Mitarbeiter dumm, faul und träge waren? Nein, weil der Geschäftsführer ein Greenhorn der Manipulation war. Denn 80 Prozent seiner Mitarbeiter manipulierten ihn mit der Relevanz-Manipulation: „Ach was, der übertreibt doch wieder. Schließlich sind wir immer noch die Besten!"

Nach etlichen Monaten der Ohnmacht entmachtete der Fertigungsleiter seinen Geschäftsführer als Change Agent (was für sich genommen schon eine äußerst elegante Manipulation war) und nahm das Ruder selber in die Hand: Er blendete mit einem Paukenschlag die Relevanz ein. Er rief seine 120 Fertigungsmitarbeiter samt angrenzender Stäbe zusammen, stellte einen der eigenen Autositze in die Mitte und daneben das Konkurrenzprodukt. Dann sagte er: „Unserer kostet 320 Euro. Dieser kostet 250 Euro. Wenn in fünf Monaten nicht unserer ebenfalls 250 Euro kostet, verliere ich und ihr alle unseren Job." Nach drei Monaten kostete der Sitz 245 Euro. Warum? Weil Jobverlust die härteste Konsequenz für die meisten Mitarbeiter ist.

> *Persönliche Konsequenzen manipulieren hervorragend.*

So einfach diese Kontermanipulation ist, es gibt tatsächlich Manager, die sie verhauen. Der beliebteste Fehler: „Wenn wir XY nicht tun, dann fallen wir hinter den internationalen Wettbewerb zurück!" Ist das eine Konsequenz? Aber sicher. Juckt sie die Mitarbeiter? Sicher nicht. Was geht einen Mitarbeiter das Unternehmen an?

> *Die Konsequenzen für das Unternehmen jucken den Mitarbeiter nicht.*

Das ist völlig rational: Jacke ist näher als Hose. Wenn Sie einem Mitarbeiter die Relevanz einer Sache heimleuchten wollen, dann hauen Sie ihm die *Konsequenzen für ihn und seine Interessen* um die Ohren! Wenn Sie ein harter Knochen sind, dann machen Sie das brachial: „Entweder Sie erkennen die Wichtigkeit oder Sie fliegen!"

Wenn Sie keinen Wert auf frustrierte Mitarbeiter legen, können Sie das auch beziehungsfreundlich erledigen: „Ich schätze Ihre Bedenken sehr. Doch wie lange, glauben Sie, kann ich Ihr Gehalt noch bezahlen, wenn wir dieses Problem nicht ernst nehmen und immer weiter Kunden verlieren?" Das ist freundlich aber deutlich.

Sobald Sie die Relevanz einer Sache einblenden, haben Sie weitere 25 Prozent der Mitarbeiter erfolgreich ins Boot geholt. Was machen Sie mit den restlichen 50 Prozent?

Kontermanipulation 3: Lösbarkeit einblenden

Ungefähr die Hälfte der Mitarbeiter gibt ihre Manipulation auf, nachdem Sie ihnen Existenz und Relevanz eines Problems deutlich gemacht haben. Die andere Hälfte gibt nicht so schnell auf.

> *Mitarbeiter manipulieren Manager, indem sie die Lösbarkeit eines Problems leugnen.*

Wie reagiert ein hoch manipulativer Mitarbeiter, dem Sie gerade Existenz und Relevanz heimgeleuchtet haben? Er sagt: „Ja, schon, aber wie sollen wir das denn abstellen? Ärger mit diesem Zulieferer hat es immer schon gegeben. Das können wir doch nie ganz vermeiden.“ Was tut dieser Mitarbeiter? Er versucht Sie zu manipulieren, indem er zwar anerkennt, dass ein Problem existiert und dass es relevant ist – aber er leugnet schlichtweg dessen Lösbarkeit.

Seit Jahrzehnten spielen Mitarbeiter dieses Manipulations-Spielchen, wenn es um den Umsatz (oder andere Leistungsziele) geht:
„Wir brauchen mehr Umsatz!“
„In diesen Zeiten? Gerade jetzt, wo die Leute so wenig für ... ausgeben. Das stand doch gestern auch in der Zeitung. Die

Konjunktur hängt durch! Wir können einfach nicht mehr Umsatz machen."

Wie begegnet der unerfahrene Vorgesetzte dieser Manipulation? Er gibt Kontra: „Redet hier nicht rum. Kommt in die Gänge! Es interessiert mich nicht, was in der Zeitung steht. Wir brauchen mehr Umsatz!" Ist das überzeugend? Wohl kaum. Man überzeugt Menschen nicht, indem man ihnen widerspricht. Damit kann man sie höchstens überreden. Und wie motivierend das ist, wissen wir (s. Kapitel 1): nämlich gar nicht.

> *Wenn Mitarbeiter die Lösbarkeit eines Problems anzweifeln, widersprechen Sie ihnen nicht. Belegen Sie die Lösbarkeit.*

Demonstrieren Sie die Lösbarkeit des Problems, die Praktikabilität Ihres Vorschlags
- an (vergleichbaren!) Beispielen
- an (vergleichbaren!) Vorbildern und Benchmarks
- durch das Aufzeigen von Methoden und Instrumenten
- durch Aufzeigen von Lösungswegen, welche Ihre Mitarbeiter (nicht in erster Linie Sie!) akzeptieren oder bereits beherrschen.

Logisch, das erfordert etwas mehr Intelligenz als Kontra geben. Aber dafür wirkt diese Manipulation, im Gegensatz zum primitiven Kontrageben.

Wenn Sie Ihren Mitarbeitern die Lösbarkeit eines Problems vermitteln konnten, haben Sie bereits 75 Prozent von ihnen auf Ihrer Seite. Was machen Sie mit den restlichen 25 Prozent?

Kontermanipulation 4: Fähigkeiten einblenden

Übrigens, wenn Sie mitgedacht haben, wird Ihnen ein fünfter Grund eingefallen sein, warum direkte Anweisungen nicht funktionieren (s. Kapitel 5): „Machen Sie dies und jenes!“ Ein Mitarbeiter, der noch nicht einmal die Existenz eines Problems, geschweige denn seine Wichtigkeit und ganz zu schweigen seine Lösbarkeit anerkennt, dem können Sie Maßnahmen noch und nöcher vorschlagen: Er leugnet das Problem, er hält es für unwichtig und unlösbar – also was soll er mit einer Maßnahme? Umgekehrt heißt das:

> *Erst wenn ein Mitarbeiter Existenz, Relevanz und Lösbarkeit eines Problems akzeptiert, wird er Verantwortung übernehmen.*

75 Prozent der Mitarbeiter werden diese Verantwortung übernehmen. Denn sie sind nun von Existenz, Relevanz und Lösbarkeit des Problems überzeugt und übernehmen dafür Verantwortung – warum sollten sie auch nicht? Die restlichen 25 Prozent versuchen weiter, Sie zu manipulieren:

> *Mitarbeiter manipulieren Manager, indem sie die eigenen Lösungsfähigkeiten leugnen.*

Auch diese Manipulation ist Ihnen bestens vertraut. Sie machen einen Vorschlag und der Mitarbeiter (Kunde, Chef, Kollege, Partner, Kind, Enkelkind, ...) erwidert darauf:
„Ja, schon, aber das kann ich nicht.“
„Das habe ich auch schon probiert, das funktioniert nicht.“

„Das geht bei denen, bei uns geht das nicht.“ (Not invented here-Syndrom)
„Ich kann mir nicht vorstellen, dass die internationalen Wirtschaftsexperten diese Lösung absegnen würden!“ (Invented here-Syndrom)
„In unserem Fall ist das doch etwas ganz anderes!“

Diese Art Ausreden bringen selbst den gutmütigsten Vorgesetzten auf 180. Denn sie sind wirklich idiotisch:
„Logisch, dass sie mehr verkauft, sie ist ja auch eine Frau. Kunden glauben Frauen eher.“
„Logisch, dass er mehr verkauft, er ist ja auch ein Mann. Kunden glauben Männern eher.“
„Das funktioniert doch nur bei großen Unternehmen.“
„Das funktioniert doch nur bei kleinen Unternehmen.“

Die Ausreden der Mitarbeiter sind total beliebig. Sie alle folgen demselben Muster: „Bei mir geht das nicht, weil es viel zu xy ist.“ Was das XY ist, ist total egal. Es besteht sowieso kein Zusammenhang zwischen dem XY und der geforderten Leistung. Der Mitarbeiter *tut* nur so, als ob einer bestünde. Der Mitarbeiter könnte genauso gut sagen: „Die Kollegin hat einen anderen Bürostuhl, eine andere Augenfarbe und ihr Haarfön hat eine andere Drehzahl – also funktioniert bei mir nicht, was bei ihr funktioniert!“ Völlig irrelevante Argumente, die nichts zu sagen haben, außer: „Bei mir funktioniert diese Lösung nicht, denn mein Problem ist zwar ähnlich, aber ganz anders.“

Bitte fallen Sie nicht auf diese entnervenden Argumente herein, etwa so: „Was hat denn der Bürostuhl damit zu tun? Sind Sie übergeschnappt?“ Wenn Ihnen so etwas durchrutscht, wäre nämlich die Manipulation des Mitarbeiters erfolgreich. Denn danach lässt der Mitarbeiter eine Rechtfertigungsorgie vom

Stapel, die sich gewaschen hat und mindestens zwanzig Minuten Ihrer Zeit völlig unnütz vergeudet.

> *Versuchen Sie niemals, die völlig aus der Luft gegriffenen Verweise des Mitarbeiters auf die eigene Machtlosigkeit zu widerlegen. Dann würden Sie nämlich auf die Manipulation hereinfallen.*

Widersprechen Sie dem Mitarbeiter nicht. Blenden Sie das, was er ausblendet, einfach wieder ein: die eigenen Fähigkeiten. Wie blenden Sie Lösungsfähigkeiten des Mitarbeiters wieder ein?

Dafür gibt es mehrere Möglichkeiten, je nach Ihrer Führungserfahrung und nach Mitarbeiter:

- Sie können es provokant machen: „Wie bitte? Sie sind einer meiner Spitzenverkäufer und schaffen das nicht? Sie verkaufen zwar super, aber das können Sie mir nicht verkaufen!“
- Sie können an die Erfolge der Vergangenheit erinnern: „Damals bei Einführung der neuen Software haben Sie das auch gesagt. Dann haben Sie sich reingekniet und jetzt beherrschen Sie das aus dem Effeff.“
- Sie können auch sein Manipulations-Schema selbst transparent machen: „Sehen Sie, wir haben jetzt herausgefunden, dass das tatsächlich ein Problem ist, dass es ein gravierendes ist, dass man es lösen kann. Jetzt müssen wir nur noch eine Lösung finden, die Ihnen voll und ganz entspricht, hinter der Sie stehen können. Probieren Sie's doch einfach mal. Wenn Sie die freie Wahl haben: Wie möchten Sie es anpacken?“

Noch etwas: Mitarbeiter können „springen“. Das heißt, Sie blenden gerade die eigene Lösungsfähigkeit des Mitarbeiters ein, da versucht der Mitarbeiter doch tatsächlich wieder, Sie dadurch zu manipulieren, dass er die Relevanz des Problems anzweifelt: „Ach, ist das wirklich so wichtig?“ Fallen Sie nicht darauf herein! Lassen Sie sich nicht zu einem Wutanfall hinreißen. Denn dann wäre die Manipulation des Mitarbeiters geglückt. Steigen Sie einfach auf dem vom Mitarbeiter angebotenen Level der Manipulation ein: „Das hatten wir doch vorher schon. Wir waren uns doch eben einig, dass das Problem eine beträchtliche Relevanz hat. Spielen Sie es jetzt doch bitte nicht wieder herunter.“

> *Wenn der Mitarbeiter zwischen den Manipulationsstufen 1-4 hin- und herspringt – springen Sie mit!*

Das klingt alles recht einleuchtend und einfach, nicht wahr? Aber in der Praxis ist die Kontermanipulation eine Kunst wie Golfspielen oder Verhandeln auch: Trainingssache. Zwei Tipps dazu: Sie werden schneller besser,

- wenn Sie ein gutes Führungstraining besuchen, einen guten Executive Coach haben und/oder
- wenn Sie die Grafik („Wie Mitarbeiter ihre Manager manipulieren“) beim nächsten Gespräch mit einem Mitarbeiter für Sie sichtbar auf den Tisch legen. Damit läuft’s leichter.

Kurz und kompakt: Lassen Sie sich nicht manipulieren!

- Rechnen Sie damit, dass Ihre Mitarbeiter Sie manipulieren.
- Mitarbeiter manipulieren Sie, indem sie die Existenz, Relevanz und Lösbarkeit von Aufgaben und die eigenen Lösungsfähigkeiten mit fadenscheinigen Begründungen leugnen.
- Widersprechen Sie niemals! Mit Widerspruch zementieren Sie den Widerstand oder treiben ihn in den Untergrund! Sobald Sie widersprechen, fallen Sie also auf die Manipulation herein.
- Wenn ein Mitarbeiter die Existenz eines Handlungsbedarfs leugnet, dann konfrontieren Sie ihn mit schlagenden Beweisen von der Existenz des Problems.
- Wenn er das Problem verniedlicht, also seine Relevanz leugnet, dann konfrontieren Sie ihn mit den Folgen des Problems für seine eigene Arbeit. Überzeichnen Sie dabei ruhig etwas.
- Wenn er die Lösbarkeit der Aufgabe leugnet, führen Sie Benchmarks und Beispiele von erfolgreichen Lösungen an.
- Wenn er vorgibt, für die Lösungen nicht ausreichend Fähigkeiten zu besitzen, dann zitieren Sie Beispiele, in denen er diese verleugneten Fähigkeiten schon demonstriert hat.
- Blenden Sie alles, was der Manipulateur ausblendet, einfach wieder ein und beobachten Sie, wie aus einem marodierenden Manipulateur ein motivationsstrotzender Mitarbeiter wird, der volle Verantwortung für seine Aufgaben übernimmt.

Wie Mitarbeiter ihre Manager manipulieren

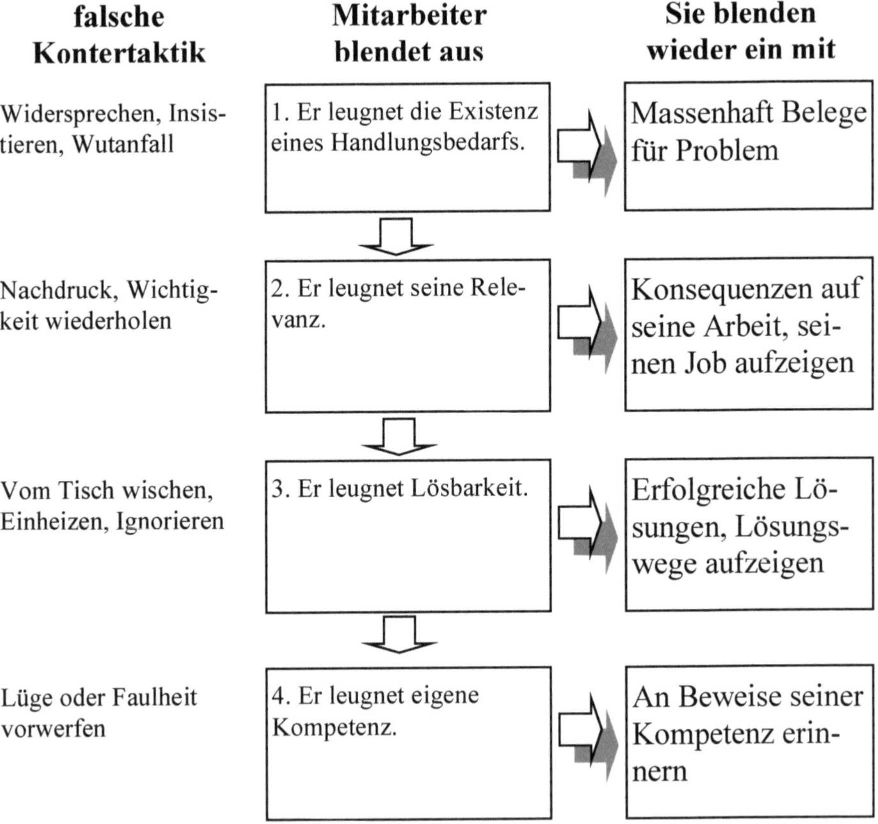

7 Manager heizen ein

Auf Vordermann bringen

Was tun Manager, wenn eine wirklich große Aufgabe ansteht? Wie motivieren sie ihre Mitarbeiter für die etwas zu ehrgeizig ausgefallenen Jahresziele? Was tun sie, um in einer Krise den Karren herumzureißen? Sie heizen ein.

Vor wichtigen Projekten, bei unvorhergesehenen Problemen, vor Markteinführungen, bei einer akuten Gefährdung der Jahresziele, vor Einführung von neuen Technologien oder Prozessen und bei Kick-off-Veranstaltungen aller Art wird eingeheizt. Jeder Arbeitnehmer kennt die wohlfeilen „Auf zu neuen Ufern"-Reden vor größeren Reorganisationen. In den meisten Vertriebsorganisationen wird regelmäßig einmal im Jahr eingeheizt, nämlich auf der Verkäufertagung.

Beim Einheizen wird Mut gemacht und Begeisterung entfacht. Die Luft ist floskelschwer: „Wir packen das! Da haben wir schon ganz andere Dinger geschaukelt. Wenn jeder hundert Prozent Einsatz bringt, schaffen wird das locker! Dies ist der entscheidende Schritt an die Marktspitze. Damit lassen wir die Konkurrenz weit hinter uns. Damit festigen wir unsere Vormachtstellung als Spitzenanbieter." Amerikanische Kinofilme liefern eine kompakte Definition und zugleich die Karikatur des Einheizens. Wann immer der junge, aber unerfahrene Co-Star des Films in die große Krise gerät, heizt ihm der Hauptdarsteller mit einem Schulterklaps und den ermutigenden Worten ein: „Du schaffst das!"

Einheizen ist so verbreitet, dass es dafür spezielle Seminare gibt; sogenannte Einheiz-Seminare. Wenn ein Manager es besonders gut machen will, dann schickt er seine Mitarbeiter auf ein solches Seminar, auf dem dann ein „Motivations-Guru" seinen Leuten einheizt. Dieses Vorgehen hat einen großen Vorteil: Funktioniert das Einheizen nicht, ist nicht der Manager, sondern der Guru schuld.

Einheiz-Seminare funktionieren nach einem einfachen Muster: Vorne gehen die Leute rein, die glauben, dass sie ein bestimmtes Ziel, Projekt, Vorhaben nicht schaffen. Dann laufen sie über glühende Kohlen oder Glasscherben (je nach aktueller Mode) oder schreien so lange „Tschacka!" bis sie vor lauter Endorphin-Besoffenheit tatsächlich glauben, dass sie schaffen, was sie schaffen müssen. Eine hübsche Manipulation, die, wie jeder Besucher solcher Veranstaltungen schon erfahren hat, spätestens dann auffliegt, wenn der Teilnehmer nach einigen Tagen bemerkt, dass über Kohlen laufen nichts am realen Problem geändert hat. Die Ziele sind noch immer so unerreichbar wie vorher.

Einheizen: Ursache und Wirkung

Warum ist Einheizen so beliebt? Weil es erstens so einfach ist – richtig manipulieren erfordert etwas mehr Intelligenz. Und weil es zweitens reichlich Gelegenheit dafür gibt. Manager heizen ein, weil

- „die meisten meiner Mitarbeiter lustlos und passiv sind."
- „meine Leute auf alles Neue erst mal skeptisch reagieren."
- „man einen Eisenbahnwaggon anschieben muss, damit er ins Rollen kommt."

- „die Leute besser spuren, wenn man ihnen Feuer unterm Hintern macht."
- „wir zu Beginn erst mal die Trägheit überwinden müssen."

Das sind alles gute Gründe. Die Frage ist: Wirkt Einheizen im Führungsalltag? Diese Frage beantwortet das Drittelprinzip der Wirkungslehre:

Ein Drittel der Mitarbeiter ist im Schnitt empfänglich fürs Einheizen und danach Feuer und Flamme – die ersten Tage. Nach einigen Tagen, spätestens wenigen Wochen kommen die ersten Zweifel: „Naja, das hat sich zwar gut angehört, aber in der Praxis sieht die Sache anders aus." Deshalb spricht man beim Einheizen vom Strohfeuer-Effekt: Die Wirkung hält nur kurz vor.

Ein weiteres Drittel der Mitarbeiter tippt sich noch während der Einheiz-Veranstaltung oder direkt danach mehr oder weniger offen an die Stirn und lästert: „Was soll denn das nun wieder? Wie soll das funktionieren? Da hat er sich ja wieder einen schönen Rohrkrepierer ausgedacht."

Ein drittes Drittel reagiert reserviert. Das sind die innerlich Gekündigten. Sie sagen sich: „Auch das geht vorüber. Wir sitzen das mal aus." Ernüchterndes Fazit:

> *Einheizen macht zwar mächtig Wirbel, funktioniert jedoch nur bei wenigen Mitarbeitern und selbst bei diesen nicht langfristig.*

Das wissen oder ahnen die meisten Manager. Warum tun sie's trotzdem? Weil es sich so verdammt gut anfühlt. Vor zig Leuten zu stehen und rhetorisch so richtig die Sau raus zu lassen, bringt (für manche) eine geradezu orgasmische Befriedigung.

> *Die meisten Manager heizen nicht ein, weil es so viel bringt (es bringt nicht viel). Sie heizen ein, weil man sich dabei prächtig profilieren kann.*

Oder um es in den Worten eines großen deutschen Vorstandsvorsitzenden zu sagen: „Manche verwechseln Aktivität mit Effektivität." Manche, nicht alle. Es gibt auch Manager, denen der Strohfeuer-Effekt von Einheiz-Veranstaltungen nur zu offensichtlich ist. Viele, vor allem vertriebsnahe Manager, ziehen daraus den Schluss, dass man eben öfter einheizen muss. Manche lassen drei- bis viermal im Jahr einen Einheiz-Guru kommen. Einige Verkaufsleiter heizen sogar wöchentlich bei der Wochenbesprechung der Verkäufer ein. Die Mitarbeiter lassen sich davon nicht mehr beeindrucken. Warum nicht?

Warum Einheizen nicht funktioniert

Einheizen funktioniert nicht. Es kann gar nicht funktionieren. Denn wenn Ihnen eingeheizt wird, funktioniert es ja auch nicht. Und warum sollte etwas bei Ihren Mitarbeitern funktionieren, das bei Ihnen auch nicht funktioniert?

Stellen Sie sich vor, Sie verlieren über Nacht Ihren Job. Da treffen Sie auf der Straße einen alten Bekannten, der Ihnen „Mut macht": „Nun lass dich nicht so hängen! Irgendwie geht's immer weiter. Du musst das positiv sehen! Du findest bestimmt bald einen neuen Job. Du brauchst einfach nur eine positive Einstellung!" Dieses Mutmachen ist nichts anderes als die private Variante des Einheizens. Wirkt das auf Sie? Aber sicher, Sie denken bei sich: „Der hat gut reden. Er hat ja noch seinen Job! Außerdem ist er sieben Jahre jünger als ich. Er findet viel leichter eine neue Arbeit." Hat das Einheizen bei Ihnen funktioniert? Nein. Und das aus gutem Grund:

> *Wer einheizt, ignoriert die Ängste, Sorgen, Widerstände und Einwände seines Gegenübers.*

Er ruft „auf zu neuen Ufern!" und tut so, als ob der Weg zu diesen neuen Ufern ohne jedes Hindernis wäre – eine unrealistische Annahme. Der Fertigungsleiter eines norddeutschen Chemie-Unternehmens bringt es auf den Punkt: „Unser Chef tut grad so, als ob man die vielen Hindernisse einfach wegreden könnte."

Natürlich bemerken Manager, die einheizen, manchmal noch während des Einheizens, dass große Teile der Zuhörer skeptisch bleiben. Wie reagieren sie darauf? Sie legen nach, heizen kräftiger ein. Nach dem Motto: „Die Mitarbeiter gucken skeptisch? Einfach lauter schreien!"

> *Ängste verschwinden nicht, wenn man sie überschreit.*

Im Gegenteil. Sie wachsen. Einheizen verschlimmert langfristig die Widerstände Ihrer Mitarbeiter. Wer einheizt, sabotiert seine eigenen Ziele. Viele meinen, dass man die Widerstände der Mitarbeiter einfach wegreden könne. Dass man ihnen ihre Ängste ausreden könne. Das ist ein grandioser Irrtum:

> *Gefühle sind mächtiger als Worte.*

Hinzu kommt, dass Einheizen eine kumulative Wirkung hat. Mit Einheizen verhält es sich wie mit Lügen: Je öfter einer lügt, desto weniger glaubt man ihm. Deshalb halten Motivations-Gurus nur kurze Zeit. Zwei, drei Jahre sind sie in jeder

TV-Sendung und jeder Zeitschrift – danach hört man nichts mehr von ihnen. Einheizer haben eine sehr geringe Haltbarkeitsdauer. Sie verschleißen schnell, weil kaum jemand ein zweites Mal auf sie hereinfällt.

Warum ignorieren Manager Ängste?

Warum ignorieren Manager, die einheizen, die Ängste ihrer Mitarbeiter? Sehen sie die Ängste nicht? Doch, aber: „Also vor so etwas braucht man doch keine Angst zu haben!“ Sie tun die Ängste ab, weil sie

a) sich nicht in die Haut eines Mitarbeiters versetzen und seine Ängste wahrnehmen können
b) „keine Zeit für eine Psychoanalyse“ haben.

Manager wollen, dass die Mitarbeiter in die Gänge kommen, und nicht stundenlang über ihre Ängste lamentieren. Gerade deshalb wird ja eingeheizt! Damit endlich das Lamentieren aufhört! Außerdem bekommt ja auch der Manager Druck von oben. Also warum sollte es den Mitarbeitern besser gehen? Auf Coachings und Seminaren sagen viele Führungskräfte: „Mein Chef kümmert sich ja auch nicht darum, was ich fühle. Trotzdem mache ich meinen Job. Warum können das nicht auch die Mitarbeiter tun?“

Die Frage ist zwar berechtigt, doch rein akademisch: Die Mitarbeiter tun’s offensichtlich nicht. So ist das eben. Wer das ignoriert, schadet nicht dem Mitarbeiter, sondern sich selbst.

> *Die inneren Widerstände der Mitarbeiter machen Einheizen wirkungslos.*

Solange es innere Widerstände gibt, funktioniert Einheizen nicht. Damit liegt zugleich die Lösung des Problems auf der Hand:

> *Wer erfolgreich manipulieren will, braucht lediglich die inneren Widerstände aufzugreifen.*

Manipulation in der Familie

Bezeichnenderweise ist eine leicht abgeschwächte Form des Einheizens eine der häufigsten Manipulationen in Beziehungen und Familie. Wenn die Partnerin über ein Problem klagt, sagt der Beziehungspartner: „Nun hab dich nicht so! Das ist doch kein Problem! Da machst du einfach ... und dann machst du folgendes ... Du wirst sehen, das haut hin. Das ist doch alles gar nicht so schlimm!" Was erwartet der Einheizer davon? Dass die Partnerin sagt: „Danke für die große Hilfe." Was tut die Partnerin stattdessen? Sie denkt oder sagt: „Du hast ja keine Ahnung!" und zieht schmollend von dannen. Warum? Weil er ihre Gefühle verletzt hat. Sie hat ein Problem und er sagt ihr: „Das ist kein Problem!" Übersetzt heißt das: „Du hast unrecht!" Und das lässt sich kein Mensch gerne sagen.

Vor allem Kinder werden mit Einheizen manipuliert. Am häufigsten wird Einheizen bei allen Problemen und Herausforderungen eingesetzt. Typisch ist der erste Sprung vom Fünfmeter-Brett: „Nun hab dich nicht so. Andere haben das auch geschafft. Da ist gar nichts dabei!" Funktioniert das? Meist ja. Der Kleine springt. Aber danach hasst er den Elternteil, der ihm das angetan hat, der sich über seine Ängste lustig gemacht und ihn implizit oder explizit einen Angsthasen genannt hat. Viele Eltern meinen, dass härtet die Kleinen ab. Das stimmt. Es verhärtet sie gegenüber den Eltern. Langfristig zerstört Einheizen jede Beziehung. Deshalb kommt fast jeder Teenie irgendwann zur Einsicht: „Meine Alten verstehen mich einfach nicht.“ Warum? Weil sie einheizen, statt sich um die inneren Widerstände ihrer Kinder zu kümmern.

Wer einheizen will, sollte erst mal zuhören

Wenn Einheizen scheitert, weil es die inneren Widerstände ignoriert, dann besteht die wirksame Manipulation einfach darin, diese Widerstände aufzunehmen.

Manager, Beziehungspartner, Lehrer und Eltern haben genau davor eine panische Angst. Deshalb ist diese wirksame Manipulation so selten anzutreffen. Es gibt keinen Elternteil, Beziehungspartner oder Manager, der im Grunde seines Herzens nicht wüsste, dass man Ängste nicht ausreden kann. Doch man probiert es immer wieder, weil: „Ich will nicht stundenlang über Gefühle reden!“ „Ich habe keine Zeit für Psychogerede!“

Hinter diesen Einwänden steckt die Vorstellung, dass man stundenlang knietief in Gefühlen waten muss, um wirksam zu manipulieren. Niemand weiß, woher diese abstruse Vorstellung kommt. Wir wissen lediglich, dass sie falsch ist. Wie falsch, weiß im Grunde jeder: Hat es schon jemals etwas genützt, stundenlang in Gefühlssuppe zu waten? Nein.

> *Sie sollen Ängste weder analysieren noch therapieren. Sie sollen ihnen lediglich zuhören.*

So einfach ist das? Ja. Wenn es nicht so einfach wäre, würde es nicht funktionieren. Wenn Mitarbeiter Widerstände zeigen, heizen manipulations-unerfahrene Manager ein und verstärken damit die Widerstände. Erfahrene Manager hören zu und reduzieren damit die Widerstände.

Wer zuhört, zeigt, dass er die Widerstände und Ängste ernst nimmt und versteht. Dass er dazugehört. Bezeichnend, nicht? Hören und dazugehören haben nicht umsonst denselben Wortstamm. Einheizer gehören eben nicht dazu, weil sie nicht zuhören. Damit stellen sie sich außerhalb der Gruppe: „Ich will und ihr müsst!“ Einheizer stellen sich selbst ins Abseits. Auch deshalb funktioniert Einheizen nicht: Es ist keine Motivation, es ist keine Manipulation, es ist eine Provokation der Mitarbeiter. Was nützt Zuhören? Die Widerstände gehen davon weg. Das ist das große Paradoxon der Widerstandsbehandlung:

> *Wer Widerstände ausreden will, verschärft sie. Wer ihnen zuhört, löst sie auf.*

Dieses Paradoxon können schwache Manager nicht nachvollziehen. Sie sitzen mit offenem Mund da und verstehen es einfach nicht. Guten Managern fallen dagegen spontan Beispiele aus ihrem Führungsalltag ein, bei denen sie Widerstände in Luft auflösten, indem sie ihnen einfach nur zuhörten. Warum ist das so einfach?

Akzeptanz löst Ängste

Wer einheizt, ignoriert Widerstände und macht sie damit schlimmer, weil seine implizite Botschaft ist: „Eure Sorgen und Nöte gehen mir glatt am ... vorbei.“ Gewiss, kein Manager meint das wirklich so. Doch so kommt es jedenfalls bei den Mitarbeitern an.

Wer dagegen zuhört, über den denken und sagen Mitarbeiter: „Er hört uns zu. Er nimmt uns ernst. Er versteht uns. Er ist einer von uns. Ihm können wir vertrauen.“ Eigentlich ist es ganz einfach: Wer Widerstände ablehnt, macht sie durch diese Ablehnung nur noch schlimmer. Wer Widerstände akzeptiert, löst sie durch diese Akzeptanz. Akzeptanz löst Ängste.

> *Ängste und Widerstände behindern nur dann, wenn sie verdrängt werden. Spricht man darüber, lösen sie sich auf.*

So einfach ist das. Das heißt: Ihre Mitarbeiter entwickeln nicht deshalb Widerstände, weil sie gegen Ihr neues Projekt, gegen den Wandel, gegen die Jahresziele oder notwendige Veränderungen wären, sondern weil sie sauer sind, dass Sie ihre Ängste nicht ernst nehmen. Nehmen Sie sie ernst, lösen sie sich auf.

Und: keine Angst! Das dauert nicht „ewig“. Natürlich haben Menschen die Neigung, tendenziell endlos über ihre Sorgen und Nöte zu klagen. Aber nur dann, wenn Sie ihnen eben noch nicht genug Verständnis gegeben haben. Wenn ein skeptischer Mitarbeiter nach „Ich verstehe Sie gut!“ immer noch jammert, dann versuchen Sie es doch mal mit „Das ist wirklich hart, das ist ja brutal! Ich wusste gar nicht, dass Ihnen das solche Sorgen macht!“ Reicht das? Wenn er aufhört: ja.

Checkliste: Zuhören und manipulieren

1. Finden Sie möglichst viel über die Widerstände, Ängste und Ressentiments Ihrer Mitarbeiter (Kinder, Partner, ...) heraus.
2. Zeigen Sie für jeden einzelnen Widerstand Verständnis und lösen Sie ihn damit auf.
3. Holen Sie die Mitarbeiter auf Ihre Seite, indem Sie ihnen die implizite Frage beantworten: Was habt ihr davon?
4. Zeigen Sie den nächsten Schritt auf.

Die Logik der Manipulation

Die Manipulation durch Zuhören hat eine tiefere Logik. Wenn Mitarbeiter nicht mitziehen, weil sie innere Widerstände verspüren, müssen Sie diese Widerstände erst einmal identifizieren (s.o. Punkt 1). Machen Sie Management by walking around, sperren Sie die Ohren auf und hören Sie den Flurfunk ab. Dabei begegnen Sie allen aktuellen Widerständen.

Sie müssen diesen Widerständen lediglich gut zuhören (s.o. Punkt 2). Noch schneller und stärker lösen sich diese Widerstände auf, wenn Sie ihnen *Verständnis* zeigen (s. nächster Abschnitt). Wenn die Widerstände aufgelöst sind, heißt das jedoch noch nicht, dass die Mitarbeiter begeistert sind von dem, was Sie von ihnen möchten. Deshalb setzen Sie die bekannte Angst/Gier-Manipulation ein (s. Kapitel 1). Oder einfach formuliert: Zeigen Sie den Mitarbeitern, was sie davon haben, wenn sie das tun, was Sie sich wünschen. Zählen Sie möglichst viele dieser persönlichen Nutzen auf.

Als letztes zeigen Sie den nächsten Schritt auf (s.o. Punkt 4). Dieser muss einfach und klein sein. Daran sehen die Mitarbeiter letztlich, dass ihre Widerstände unbegründet waren.

Das klingt alles sehr einfach. Führungskräfte haben damit in der Praxis jedoch oft Probleme. Deshalb betrachten wir ein Praxisbeispiel.

Horrorbeispiel Jahresziele

Die Verkündung der Jahresziele ist der Motivationstiefpunkt im Führungsalltag schlechthin. Die meisten Mitarbeiter reagieren darauf so: „Wie sollen wir denn das schaffen? Bei dieser Konjunktur und dieser Konkurrenz? Was denken die da oben sich denn dabei?“ Dies ist die übliche Passivität und Lethargie, die wir alle so gut kennen. Der Mitarbeiter vergeudet seine Zeit und seine Energie mit Jammern, anstatt sich hinter die Ziele zu klemmen. Oder wie ein Verkaufsleiter es ausdrückte: „In der Zeit, die ihr hier herumjammert, hätte jeder von euch schon drei Kundenanrufe tätigen können!“ Wie reagieren Führungskräfte auf die Jammerei? Sie heizen ein: „Jetzt habt euch nicht so! Wir packen das! Hört auf zu jammern!“ Und dazu gibt es noch einen Sticker mit dem Slogan: „Geht nicht gibt's nicht!“

Führungskräfte heizen ganzen Gruppen von Mitarbeitern und danach einzelnen, „besonders hartnäckigen Fällen“ ein. Sie reden so lange auf diese Mitarbeiter ein, bis diese den Mund halten. Dieses Verstummen werten viele Führungskräfte als Motivation. Tatsächlich taucht der Widerstand lediglich in den

Untergrund ab. Dort wirkt er gefährlicher, weil man ihn nicht mehr sieht, und weil er immer intensiver wird, je stärker er in den Untergrund gedrängt wird.

Ganz anders gehen manipulations-erfahrene Führungskräfte vor. Sie fegen die Widerstände der Mitarbeiter nicht vom Tisch, sondern (s.o.) hören einfach zu und zeigen Verständnis: „Ihr habt ja recht. Die Ziele sind wirklich happig. Ich habe mich auch sehr gewundert, als sie mir der Geschäftsführer hereinreichte. Das ist wirklich ein starkes Stück." Was tut der Manager denn da? Was wir so vornehm mit „Verständnis zeigen" umschreiben, ist nichts anderes als: Mitjammern.

> *Verständnis zeigen heißt Mitjammern.*

Unerfahrene Führungskräfte springen bei diesem Satz auf und schreien Zeter und Mordio: „Aber ich kann den Mitarbeitern doch nicht recht geben!" Es ist erstaunlich, wie undifferenziert manche denken.

> *Mitjammern heißt nicht rechtgeben.*

Rechtgeben würde zum Beispiel heißen: „Ihr habt recht. Die Jahresziele sind unerreichbar." Mitjammern dagegen heißt: „Ihr habt recht – diese Ziele sind sehr ehrgeizig." Das heißt: Geben Sie nicht der *Behauptung* der Mitarbeiter recht, sondern ihren *Gefühlen*. Das ist ein feiner Unterschied, den viele Manager entweder aus mangelndem Differenzierungsvermögen oder mangelnder kommunikativer Kompetenz nicht ziehen (können) – deshalb können sie nicht manipulieren. Wer diesen Unterschied meistert, kann manipulieren.

Wer erst mal kräftig mitjammert, holt die Leute ins Boot. Danach zeigt er ihnen, was sie davon haben, wenn sie mitmachen.

Um unser Beispiel fortzuführen: „Ihr habt ja recht. Die Ziele sind wirklich happig. Ich habe mich auch sehr gewundert, als sie mir der Geschäftsführer hereinreichte. Aber hier rumzustehen und zu klagen, bringt keinen von uns weiter. Im Gegenteil, es reitet uns nur tiefer rein. Wenn wir noch lange rumheulen, erreichen wir womöglich nicht mal die Vorjahresziele – und dann wird's brenzlig (das ist Schmerz-Manipulation, s. Kapitel 1). Ich persönlich glaube, dass wir es schaffen können, denn wir haben uns bislang jeder Herausforderung erfolgreich gestellt (überzeugende Manipulation, weil sie Belege anführt). Lasst uns einfach mal Ideen sammeln, wie wir noch mehr aus unseren Märkten herausholen können (das ist die Manipulation des nächsten Schrittes, s.o. Punkt 4)."

Diese Manipulation des nächsten Schrittes ist gleich doppelt manipulativ: Der Vorgesetzte macht keine eigenen Vorschläge, wie seine Mitarbeiter mehr aus ihren Märkten herausholen können. Denn dagegen könnten die Mitarbeiter opponieren, bloß weil es der Chef sagt. Gegen die eigenen Vorschläge wird jedoch kein Mitarbeiter opponieren. Dieser Schritt ist noch aus einem weiteren Grund sehr manipulativ: Er weckt Eigenaktivität und Eigenverantwortung der Mitarbeiter. Deshalb erreichen diese mit hoher Wahrscheinlichkeit ihre Ziele. Denn es ist nicht so sehr Zweck einer erfolgreichen Manipulation, zu zeigen, dass gesetzte Ziele realistisch sind, sondern diese Eigenaktivität und Eigenverantwortung zu wecken.

Wenn das so einfach ist, warum tun's dann nicht alle?

Die meisten Manager sehen in Coachings oder Trainings ein, dass Einheizen nicht funktioniert. Sie hatten sowieso schon lange ein schlechtes Gefühl beim Einheizen. Trotzdem heizen sie bei der nächstbesten Gelegenheit wieder munter ein. Warum? Weil:

> *Einheizen ist ein Reflex.*

Wir heizen reflexartig ein: Widerstand? Ängste? Gegenhalten, Mutmachen, Einheizen! Das geht so schnell, automatisch und unbewusst, dass wir oft gar nicht registrieren, was wir da tun. Der Mund reagiert schneller als das Großhirn, weil das Reptilienhirn schon reagiert hat. Dieser kulturell bedingte Reflex (in anderen Gesellschaften ist das durchaus anders) wird durch folgende Faktoren verfestigt:

- Zeitmangel: Einheizen scheint dem Laien schneller zu gehen als richtig zu manipulieren.
- Peer-Pressure: Alle Kollegen heizen ein – also muss was dran sein.
- Falsches Vorbild: Die eigenen Vorgesetzten heizen auch ein. Deshalb plappert man gedankenlos nach, was einem von oben aufgezwungen wird.

> *Zeichen guter Führungskräfte ist, dass sie sich ganz bewusst von diesen ungünstigen Faktoren frei machen und „ihr eigenes Ding durchziehen".*

Weniger erfolgreiche Führungskräfte können das nicht. Sie müssen in der Herde traben, um sich sicher zu fühlen. An sehr manipulativen Führungskräften fällt auf, dass sie eine wahre

Freude daran haben, richtig zu manipulieren. Weniger erfolgreiche Führungskräfte sehen zwar, dass richtig manipulieren wirksamer ist, betrachten das Umlernen jedoch als Aufwand: „Dafür habe ich nicht auch noch Zeit!“ Erfolgreiche Führungskräfte haben ebenfalls keine Zeit – sie nehmen sie sich. Weil richtig manipulieren ihnen erstens Spaß macht und sie zweitens von den Vorteilen überzeugt sind: Die Mitarbeiter machen endlich, was sie machen sollen.

Es hat sich übrigens gezeigt, dass die Quote der hochmanipulativen Führungskräfte in den letzten Jahrzehnten nahezu konstant blieb und auch in den nächsten zehn Jahren konstant bleiben wird. Warum das so ist, sei dahingestellt. Viel wichtiger ist: Wenn Sie in den nächsten Wochen (es dauert meist nicht länger) richtig manipulieren lernen, sind Sie dem Rest des Managements für Jahre um Jahre voraus.

Das Mister-Fix-it-Syndrom

Frauen beklagen mehrheitlich, dass man mit Männern über Probleme nicht reden könne, weil diese sofort mit einem Ratschlag zur Hand seien. Dabei wollen Frauen keine Ratschläge, wenn sie Probleme haben, sondern einfach nur Verständnis. Im Amerikanischen nennt man so einen Mann „Mr. Fix it“. Sobald ein Problem auftaucht, versucht er es zu lösen – auch wenn das nicht gefragt ist. Im Deutschen gibt es ein passendes Sprichwort: „Auch Ratschläge sind Schläge.“

Diese Schläge fallen nicht nur gegenüber Frauen – Frauen fallen sie lediglich besonders auf. Diese Schläge fallen in Alltagsgesprächen praktisch pausenlos. Was machen wir, wenn sich der Kollege über seinen kaputten Rücken beklagt? Wir geben ihm Tipps, was er dagegen tun kann. Was sagen wir, wenn einer über seinen verdammten Computer schimpft? Wir geben ihm Ratschläge, wie er die Systemeinstellung verändern kann. Kommen diese Ratschläge an? Nein. Der andere nimmt sie meist nur unwillig zur Kenntnis. Wenig manipulationserfahrene Menschen meinen, der andere ist eben undankbar. Das stimmt nicht. Er merkt lediglich, dass er in eine Opferrolle hinein manipuliert werden soll: „Du armes Opfer – ich toller Ratgeber!“ Und gegen diese Manipulation wehrt er sich natürlich. Wollte der andere denn keinen Rat? Nein. Denn sonst hätte er explizit danach gefragt: „Kannst du mir mal einen Tipp geben?“

Wenn Sie die Ratschlags-Manipulation einmal abstellen und dem anderen ganz bewusst nur zuhören, werden Sie etwas erleben, was man im Management nur noch selten erlebt, wonach jeder Manager aber händeringend sucht: einen Quantensprung. Das Gespräch wird einen radikal anderen Verlauf nehmen. Manager, die es nach Coaching oder Training ausprobierten, berichten von erschütternden Konsequenzen. Der Geschäftsführer eines Mittelständlers, ein echter Mr. Fix it, erzählte beim Follow-up-Tag eines Führungsseminars, dass seine Sekretärin, die seit acht Jahren unter seinen Ratschlägen litt, nach einem ersten Gespräch in Tränen ausgebrochen sei und sich dafür entschuldigt hätte: „Ich bin es einfach nicht gewohnt, dass Sie mir wirklich mal zuhören.“

Heißt das, dass Sie nie wieder ratschlagen oder einheizen sollen? Diese Frage wird tatsächlich von Managern gestellt, die, wie erwähnt, unter einem wenig geübten Differenzierungsvermögen leiden. Als Antwort zitiere ich den kaufmännischen Leiter eines Werkzeugbauers: „Wenn keine Sekunde zu verlieren ist, dann sag ich auch mal zu einem Mitarbeiter: ‚Mach dich selbst nicht verrückt. Du kannst das. Das weißt du und das weiß ich – also mach's einfach‘. Und dann macht das der Mitarbeiter auch, weil er genau sieht, dass wir keine Zeit für Diskussionen haben. Sobald aber die Zeit da ist, funktioniert das nicht. Da muss ich mir eben die fünf Minuten nehmen, den Mitarbeiter jammern lassen und fünf Minuten mitjammern." Ist das zu viel verlangt für einen Manager?

Selbstmanipulation: Das Negative am Positiven Denken

Das Schlimmste am Einheizen ist nicht, dass wir es unseren Mitarbeitern, sondern dass wir es uns selbst antun. Wer hat nicht schon vor schwierigen Aufgaben versucht, sich selbst Mut zuzureden, indem er sich innerlich sagte: „Auf, das schaffe ich doch locker! Das wäre doch gelacht!"? Funktioniert das? Nur schwach. Denn während wir uns das vorsagen, haben wir ein mulmiges Gefühl dabei. Wir glauben zwar, dass es daran liegt, dass wir uns eben nicht stark genug selbst motivieren können. Doch tatsächlich liegt es gerade an dieser Eigenmotivation: Sie ist keine. Sie ist die blanke Manipulation, und eine schlechte, da wirkungslose obendrein.

Warum wirkt diese Manipulation nicht? Weil wir unterbewusst ganz genau wissen, dass wir uns selbst einheizen, uns selbst für dumm verkaufen, uns selbst manipulieren, uns ein X für ein U vormachen wollen. Das Traurige ist, dass viele schlechte Trainings und Bücher über Positives Denken diese ineffektive Selbstmanipulation propagieren. Dabei erfahren wir doch am eigenen Leib, dass sie nicht funktioniert.

> *Hören Sie auf, sich selbst einzuheizen. Jammern Sie.*

Manipulationslaien befürchten zwar, dass Jammern sie lähmt, weil sie kein Ende mehr finden. Doch wer es tatsächlich einmal versucht hat, erlebt das genaue Gegenteil: Wer sich selbst so richtig ausjammern lässt, dem fällt nach wenigen Minuten nichts mehr zu jammern ein, den überfällt sogar ein Riesenverdruss über das Jammern. Viele sagen sich dann ganz von selbst: „Genug gejammert! Jetzt packe ich es an!" Unsere Großväter sagten: „Jammern läutert." Es macht also nicht passiv, sondern aktiviert – sobald Sie es zulassen.

> *Hören Sie auf, sich selbst runterzumachen, wenn Sie klagen.*

„Hör endlich mit Jammern auf!" Was ist das? Viele verstehen das unter Selbstmotivation. Das ist es aber nicht, weil es nicht motiviert, so oft Sie es sich auch sagen. Das ist keine Selbstmotivation, sondern blanke Manipulation, und schlechte obendrein, weil sie nicht funktioniert.

> *Begegnen Sie Ihren eigenen Klagen mit Verständnis.*

Sobald Sie dieses Verständnis aufbringen, verschwindet die Jammerlaune. Warum? Sie kennen inzwischen die Antwort: Weil Akzeptanz Angst auflöst.

Kurz und kompakt: Mitjammern statt Einheizen

- ❑ Einheizen funktioniert nicht, weil es die inneren Widerstände der Mitarbeiter ignoriert.
- ❑ Ängste sind immer stärker als das Einheizen.
- ❑ Mitjammern funktioniert besser als Einheizen.
- ❑ Mitjammern heißt: Nicht den Einwänden, sondern den Gefühlen der Mitarbeiter recht geben, ihnen Verständnis zeigen.

Ultrakurzfassung von Kapitel 7	
Unwirksame Manipulation	**Wirksame Manipulation**
Einheizen	Mitjammern

8 Manager bestrafen Fehler

Mitarbeiter machen Fehler

Eine der lästigsten Angewohnheiten von Mitarbeitern ist es, Fehler zu machen: Da bietet Verkäufer Maier zum wiederholten Male einem Kunden Produkt X an – obwohl das eine viel zu lange Lieferzeit hat. Verkäuferin Müller hat eben wieder statt eines Renditebringers einen Umsatzrenner verkauft. Die Sekretärin hat heute die Ablage falsch sortiert, der Innendienst hat diese Woche schon die dritte Terminabsprache mit Kunden verbummelt, der Dreher hat seine Drehbank mal wieder nicht entsprechend der Unfallverhütungsvorschriften von Materialresten gereinigt, ... und so weiter. Wir kennen das. Und wir kennen unsere Reaktion darauf: „Das darf doch nicht wahr sein! Wie oft habe ich Ihnen das schon gesagt? Das darf nicht mehr vorkommen. Ist das klar?"

Was passiert hier? Hier versucht ein Chef einen Mitarbeiter zu etwas zu überreden, das dieser Mitarbeiter offensichtlich nicht von sich aus tun würde – ein klares Anzeichen für Manipulation.

> *Die Standardmanipulation bei Fehlern: Auf die Finger hauen!*

Diese Manipulation ist uns allen schon zur Gewohnheit geworden. Deshalb halten sie viele nicht einmal mehr für eine Manipulation: „Aber Fehler muss man doch ansprechen!" Nein, überhaupt nicht. Was man nach einem Fehler machen müsste, wäre den Mitarbeiter zu fragen, was er davon hält und wie es zu dem Fehler kommen konnte. Allein dass wir das nicht tun, zeigt den manipulativen Charakter des sogenannten Kritikgesprächs nach Fehlern. Wir wollen nicht über Fehler reden – wir wollen den Mitarbeiter dahingehend manipulieren, dass er diesen Fehler nie wieder macht. Also hauen wir ihm verbal auf die Finger. Die Ratio dahinter: Wem die Finger schmerzen, der wird den Fehler nicht nochmals machen. Funktioniert die Manipulation?

Abstrafen funktioniert nur kurz

Jemandem verbal auf die Finger zu klopfen zeigt Wirkung: Der Gemaßregelte passt die nächsten ein, zwei Male wirklich besser auf – eben so lange, wie die Abreibung noch im Ohr klingt, noch weh tut (über die Manipulationswirkung von Schmerz, s. Kapitel 1). Danach reißt jedoch der alte Schlendrian wieder ein – sicher haben Sie das auch schon beobachtet und konnten es nicht fassen: „Jetzt habe ich ihm doch erst neulich kräftig auf die Finger geklopft – und er macht den Fehler schon wieder!“ Wir unterstellen dabei oft, dass der andere bösartig oder dumm ist. Das stimmt nicht. Es liegt nicht am Geklopften, es liegt an der Methode:

> *Bestrafen ist eine nur kurzfristig wirksame Manipulation.*

Sie zeigt den typischen Strohfeuer-Effekt unwirksamer Manipulationen. Sie entwickelt außerdem einen Wiederholungszwang:

> *Je unwirksamer eine Manipulation, desto öfter und intensiver müssen Sie sie wiederholen!*

Das heißt: Beim nächsten Mal eben noch kräftiger auf die Finger hauen! Das bringt dann auch wieder nur kurzfristig etwas, weshalb man bald noch stärker draufkloppen muss – so entstehen Zwangsneurosen im Management. Und die Meinung: „Meine Mitarbeiter kapieren überhaupt nichts!“

Abstrafen provoziert Vertuschung

Fehler zu bestrafen hat noch einen Nachteil: Wenn trotz Gardinenpredigt dem Mitarbeiter noch einmal derselbe Fehler oder ein verwandter Fehler unterläuft, vertuscht er den Fehler einfach oder redet ihn schön. Denn er fürchtet die erneute Gardinenpredigt!

> *Auf die Finger klopfen erreicht genau das Gegenteil von dem, was es erreichen soll.*

Gardinenpredigten motivieren den Mitarbeiter also nicht dazu, künftig Fehler zu *vermeiden*, sondern künftig Fehler zu *vertuschen*! Das ist übrigens mit allen wirkungslosen Manipulationsmethoden so: Sie erreichen das Gegenteil dessen, was sie erreichen sollen. Das Problem daran:

> *Wenn Mitarbeiter ihre Fehler vertuschen, wird Ihr Führungsbereich unkontrollierbar.*

Sie können nicht mehr steuern, weil Sie die Fehler nicht mehr oder nur noch zu spät erkennen! Und je heftiger Sie Fehler abstrafen, desto mehr Tretminen liegen unter Ihren Füßen verborgen. Tretminen, auf die Sie über kurz oder lang treten werden.

Bestrafung bringt Verstärkung

Ein dritter Nachteil des Bestrafens von Fehlern ist Ihnen vielleicht schon aufgefallen: Je heftiger man Fehler bestraft, desto häufiger begehen sie bestimmte Mitarbeiter! Was auf den ersten Blick paradox erscheint, hat einen (psycho)logischen Hintergrund. Zum einen sagen sich viele Mitarbeiter: „Wenn der Chef mich nur beachtet, wenn ich Fehler mache, tue ich ihm eben den Gefallen!“ Denn der Mensch lebt nicht vom Brot allein. Er braucht Anerkennung. Und wenn er nur negative Anerkennung kriegen kann, holt er sich eben diese. Das ist immer noch besser als gar keine Anerkennung. Zum zweiten gilt:

> *Beachtung bringt Verstärkung.*

Sehr schön können Sie das an Kleinkindern beobachten. Wenn Sie dem Fünfjährigen sagen: „Nimm die Finger von der teuren Stereo-Anlage!“, hat das so gut wie keinen Effekt. Der Kleine lässt zwar die Finger davon, während Sie hinschauen. Doch kaum schauen Sie weg, spielt er wieder an der Knöpfen. Warum? Weil Sie sein Interesse auf eben diese Stereo-Anlage gelenkt haben. Deshalb schlägt die Manipulation nach dem Muster „Lass das!“ so konsequent fehl. Nicht weil die Menschen nicht hören wollen, sondern weil diese Art der Manipulation sich selbst sabotiert! Die korrekte Manipulation hat jede gute Mutter drauf: „Komm, Mäxchen, wir spielen mit ... !“ Wird die Aufmerksamkeit des Kindes auf eines seiner Lieblingsspiele gelenkt, vergisst es die Stereo-Anlage schnell. Weil sich der menschliche Geist nicht auf zwei Interessen gleichzeitig konzentrieren kann.

> *Die Aufmerksamkeit steuert das Verhalten.*

Wenn Sie einen Fehler bestrafen, lenken Sie damit ungewollt und unabsichtlich die Aufmerksamkeit des Mitarbeiters auf den Fehler. Also macht er den Fehler wieder. Denn was beachtet wird, wird verstärkt. Gleichzeitig erkennen Sie dahinter auch die korrekte Manipulation:

> *Wenn Sie einen Fehler eliminieren wollen, lenken Sie die Aufmerksamkeit nicht auf den Fehler, sondern auf die Lösung.*

Lenken Sie die Aufmerksamkeit

Betrachten wir die Manipulationsmethode der Aufmerksamkeitslenkung am Beispiel: „Hören Sie endlich auf damit, diese schwer lieferbaren Produkte an Gewerbekunden zu verkaufen!" Wie wir jetzt wissen, führt diese Manipulation in bester Absicht dazu, dass der Mitarbeiter im Kundengespräch doch wieder nur die schwer lieferbaren Produkte verkauft. Weil seine Aufmerksamkeit an ihnen festklebt. Er sagt sich ständig „Nicht die schwer Lieferbaren verkaufen!", so dass er nicht den Kopf dafür frei hat, sich Alternativen auszudenken – und am Ende mangels Alternativen doch wieder die schwer Lieferbaren anbietet.

Wenn Sie möchten, dass er endlich davon loskommt, drücken Sie einfach die Augen zu, wenn er wieder ein schwer lieferbares Produkt verkauft hat. Sie machen das ganz absichtlich. Sie lassen den Fehler nicht durchgehen, Sie vertuschen oder entschuldigen ihn nicht. Aber Sie erwähnen ihn auch nicht. Denn Sie wissen: Sobald wir wieder darüber reden, klebt die Aufmerksamkeit des Mitarbeiters noch fester am Fehler.

Wenn Sie für solche karriereschädlichen Spielchen nicht zu haben sind, machen Sie es umgekehrt. Sie lenken die Aufmerksamkeit des Mitarbeiters vom Fehler weg. Sie beißen sich auf die Zunge, damit Sie den Fehler nicht ansprechen. Sie sprechen stattdessen das an, was Sie statt des Fehlers erwarten. In unserem Beispiel: „Herr Meier, wie ich gerade in der aktuellen Statistik sehe, haben Sie letzte Woche drei Einheiten von Produkt Z verkauft. Ich finde es prima, dass Sie unsere Produkte mit kurzer Lieferzeit so aktiv an Handel und Gewerbe verkaufen. Bitte informieren Sie mich persönlich, wenn Sie weitere Z-Einheiten verkaufen. Das möchte ich sofort wissen!"

Merken Sie was? Man kann vor dem geistigen Auge förmlich sehen, wie ein Ruck durch den Mitarbeiter geht – immer ein Zeichen von gelungener Manipulation. Und wie elegant hier manipuliert wird! Der Vorgesetzte sagt nicht: „Verkaufen Sie künftig mehr Z!" Das wäre eine Anweisung; eine unwirksame Manipulation, wie wir in Kapitel 5 sahen. Stattdessen bietet der Chef ihm Anerkennung an, wenn er Z verkauft. Damit erreicht er das Gegenteil dessen, was die unwirksame Manipulation erreicht: Nach der Abstrafung denkt der Mitarbeiter nur umso intensiver an seinen Fehler – um ihn wieder zu machen. Nach der gelungenen Manipulation denkt er dagegen an die versprochene Belobigung und an Produkt Z!

> *Anerkennung ist eines der besten Manipulationsmittel.*

Mitarbeiter lechzen nach Anerkennung. Versprechen Sie Anerkennung, wenn der Mitarbeiter das tut, was Sie von ihm erwarten. Je größer die Anerkennung ist, die Sie in Aussicht stellen, desto weniger wird der Mitarbeiter an mögliche Fehler denken und desto intensiver wird er daran denken, es richtig zu machen. Daher:

1) Sagen Sie klipp und klar, was konkret Sie erwarten.

2) Stellen Sie ausreichend Anerkennung in Aussicht.

Noch ein Tipp: Selbst wenn der Mitarbeiter es noch nie richtig gemacht hat, können Sie seine Aufmerksamkeit auf das gewünschte Verhalten lenken. Selbst wenn in unserem Beispiel der Verkäufer noch nie Produkt Z verkauft hat, kann der Vorgesetzte sagen: „Ich fände es toll, wenn Sie noch diesen Monat (elegante zeitliche Manipulation) Ihre ersten Einheiten Z verkaufen würden. Sobald Sie Ihren ersten Z-Auftrag in der Tasche haben, kommen Sie zu mir und wir rauchen eine Zigarre. Denn das wäre ein echter Erfolg!" Würden Sie sich nicht auch über so ein Angebot freuen? Sicher; darüber würde sich jeder freuen. Daran erkennen Sie, dass die Manipulation gelungen ist.

Wer steuert Sie – Instinkt oder Verstand?

Wie Sie bemerkt haben werden, ist die korrekte Manipulation zur Fehlervermeidung äußerst trivial – wie jede gute Manipulation: Einfach die Aufmerksamkeit auf das gewünschte Verhalten lenken. Dieses Erfolgsrezept ist simpel und auch in einigen guten Ratgebern nachzulesen. Was in kaum einem Ratgeber steht, ist jedoch: Obwohl fast jeder Manager dieses Rezept kennt oder für sinnvoll hält, macht es in der Praxis exorbitante Schwierigkeiten, die sich in folgenden Zitaten äußern:
„Wie kann ich jemanden loben, der ständig Mist baut?"
„Fehler darf man nicht untern Teppich kehren – die müssen auf den Tisch!"
„Fehler darf man nicht durchgehen lassen!"
„Wer Fehler macht, muss auch dafür einstehen!"

Solche Äußerungen hören sich ganz vernünftig an – obgleich wir genau wissen, was dabei herauskommt: Obwohl wir dem Mitarbeiter seine Fehler vorhalten, macht er sie wieder! Obwohl? Nein, gerade deshalb! Das ist die Crux bei der Aufmerksamkeits-Manipulation:

> *Wir* wissen, *dass Fehler abstrafen kontraproduktiv ist, doch wir* fühlen, *dass Fehler bestraft werden müssen.*

Warum? Weil es ein gutes Gefühl ist, Fehler zu bestrafen. Wer Fehler bestrafen kann, hat recht. Und wir lieben es, recht zu haben. Wer Fehler bestraft, ist vorgesetzt. Und wir lieben es, Chef zu sein. Wer Fehler bestraft, ist besser als andere; kann mehr, darf mehr, weiß mehr. Wer Fehler anspricht, fühlt sich gut dabei. Warum? Weil das ein alter Instinkt ist. Schon der Neander rieb dem Kollegen gerne dessen Fehler unter die Nase, weil er sich dabei so schön überlegen fühlte. Die Sache hat nur einen Haken, der zugleich der Ausweg aus dem Dilemma ist:

> *Wem möchten Sie folgen – Ihren niederen Instinkten oder Ihrem Verstand?*

Wenn Sie tatsächlich mal einem Mitarbeiter ganz klar sagen wollen, wo der Hammer hängt und wer hier das Sagen hat, dann hauen Sie ihm einfach seinen letzten Fehler um die Ohren – solange Sie sich ganz bewusst dafür entscheiden, ist das kein Problem und eine befriedigende Sache. Wenn Sie dagegen möchten, dass der Fehler abgestellt wird, schalten Sie ganz bewusst auf Ihren gesunden Menschenverstand um und manipulieren Sie die Aufmerksamkeit des Mitarbeiters in Richtung auf das gewünschte Verhalten. Rechthaben *und* Fehler vermeiden – beides zusammen geht nicht. Sie müssen sich für eines entscheiden. Diese ganz bewusste Wahlentscheidung ist der

Schlüssel zum Erfolg im Leben. Ein guter Manager weiß, wann er seinen Instinkten („Draufhauen!“) und wann seinem gesunden Menschenverstand („Fehler abstellen!“) vertrauen muss.

Natürlich klappt dieses bewusste Umschalten nicht von heute auf morgen. Dafür sind wir alle das Abstrafen von Fehlern zu sehr gewohnt. Alte Gewohnheiten sind hartnäckig. Doch je öfter Sie an den Unterschied zwischen Instinkt und Vernunft denken, desto stärker wird Ihre Achtsamkeit und desto öfter werden Sie angesichts von Fehlern rechtzeitig bewusst überlegen können und wollen, ob Sie nun mit der Keule dreinhauen oder die Aufmerksamkeit lenken möchten. Und nach zwei bis drei Wochen hat sich eine neue Gewohnheit gebildet. Wozu diese führen kann, betrachten wir jetzt.

Für Fortgeschrittene: Der fehlerfreie Chef

Es gibt Abteilungen, die arbeiten fast fehlerfrei, nahe an der Nullfehlertoleranz. Die Mitarbeiter machen nicht nur so gut wie keine Fehler, sondern schlagen die Mitarbeiter anderer Führungskräfte nach Produktivität, Intrapreneurship und Motivation um Längen. Wenn Sie genau hinschauen, werden Sie bemerken, dass deren Vorgesetzte die Manipulationsmethode der Aufmerksamkeitslenkung perfektioniert haben.

> *Besonders clevere Chefs warten mit der Aufmerksamkeitslenkung nicht, bis ein Fehler passiert – sie lenken schon im Voraus!*

Sie impfen quasi ihre Mitarbeiter gegen Fehler. Wie machen sie das? Indem sie das gewünschte Verhalten verstärken, *bevor* es zu Fehlern kommt. Auf diese Weise denken die Mitarbeiter noch nicht einmal daran, Fehler zu machen.

> *Wenn Sie erwünschtes Verhalten nur lange und intensiv genug verstärken, treten erstens keine Fehler auf und werden zweitens Spitzenleistungen möglich.*

Wenn Sie mit der Methode der Verstärkung arbeiten wollen,
1) kommunizieren sie klar und präzise Ihre Erwartungen
2) und stellen Sie entsprechende Anerkennung in Aussicht
3) beobachten Sie mit scharfem Auge Ihre Mitarbeiter.
4) Übersehen Sie die vielen Mängel, halben und ganzen Fehler.
5) Sobald einer das gewünschte Verhalten zeigt, anerkennen Sie es – das darf ruhig überschwänglich sein. Das ist die sogenannte Verstärkung des Verhaltens.
6) Je öfter Sie das tun, desto weniger werden die Fehler und desto besser werden die Leistungen.

Sie haben es richtig erkannt: Wer mit Verstärkung manipuliert, muss angesichts vieler Fehler erst mal die Augen zudrücken und sich nur auf die Anfangs- oder Teilerfolge konzentrieren. Das erfordert eine ziemliche geistige Umorientierung. Wir alle haben uns viel zu lange auf das Negative, die Fehler konzentriert – daher stecken wir ja in der Situation, in der wir stecken. Doch diese geistige Umstellung gelingt gerade guten Führungskräften relativ schnell und leicht. Und zu denen zählen Sie (sonst hätten Sie das Buch schon lange beiseite gelegt).

Nie wieder abstrafen?

Heißt das, dass Sie nie wieder einen Fehler ansprechen dürfen? Natürlich nicht. Sie dürfen Fehler ansprechen, wenn Sie sich gegenüber anderen profilieren möchten. Auch das ist gelungene Manipulation. Andere sehen nie älter aus, als wenn Sie ihnen ihre Fehler vorhalten.

Auch aus anderen Gründen muss man manchmal Fehler einfach ansprechen. Wenn dem Mitarbeiter zum Beispiel gar nicht klar ist, dass er einen Fehler gemacht hat und wenn der Fehler gleichzeitig wegen seines großen Schadens nie wieder vorkommen darf. Dann können Sie den Fehler kurz ansprechen. Aber bitte vorwurfsfrei und äußerst sachlich! Denn je stärker Sie die Emotionen des Mitarbeiters dabei aktivieren, desto stärker konzentriert sich dessen Aufmerksamkeit auf den Fehler – die sicherste Garantie, dass er ihn wieder macht! Nach der vorwurfsfreien und sachlichen Fehlerbesprechung lenken Sie die Aufmerksamkeit des Mitarbeiters aber sofort wieder auf das gewünschte Verhalten – und das kräftig, damit keine Aufmerksamkeit mehr am Fehler hängen bleibt.

Ein Beispiel zur Unterstützung Ihrer Formulierung: „Herr Meier, wenn Sie das Werkstück nach dem Härten bearbeiten, kommt es zu den Haarrissen, die das Labor festgestellt hat. Das ist nicht schlimm, das ist einfach nur normaler Ausschuss (gute Manipulation: keine negativen Gefühle aufkommen lassen!). Ich bin mir sicher (schöne Manipulation durch Verwendung einer suggestiven Formulierung), dass Sie die Lösung schon kennen: Einfach erst bearbeiten, dann härten. Erst B, dann H.“ Auch eine schöne Manipulation: Merksätze setzen sich besser im Gehirn fest. „Sagen Sie mir kurz Bescheid, wenn Sie die nächste Charge erst bearbeitet, dann gehärtet haben. Ich höre gerne gute Nachrichten (gute Manipulation: Anerkennung in Aussicht stellen).

Nothing succeeds like success

Wenn Sie die Aufmerksamkeit der Menschen auf ihre Fehler und Misserfolge lenken, verstärken Sie Fehler und Misserfolge. Auch das ist Manipulation! Leider meist eine gänzlich ungewollte und vor allem selbstsabotierende Manipulation. Wer andere so manipuliert, stellt sich und seiner Karriere ein Bein.

Deshalb heißt der alte Management-Spruch auch: Nothing succeeds like success – nichts fördert Erfolg besser als Erfolg. Warum hat sich dieser Spruch so lange erhalten? Weil schon vor Jahrzehnten guten Managern klar war, dass die beste Methode, Menschen zum Erfolg zu bringen ist, ihre ganze Aufmerksamkeit auf den Erfolg – nicht auf die Fehler – zu lenken.

Das erklärt auch, weshalb man sagt: Jeder Vorgesetzte hat die Mitarbeiter, die er verdient. Wer seinen Mitarbeitern ständig ihre Fehler vorhält, bekommt Mitarbeiter, die ständig Fehler machen! Er macht das zwar nicht absichtlich – doch er bekommt trotzdem die Quittung dafür. Weil man als Mensch und Manager nun mal den Konsequenzen des eigenen Handels letztendlich nicht entgehen kann. Also sorgen Sie einfach dafür, dass es erfreuliche Konsequenzen sind!

Die Fehlerorientierung erklärt auch, warum Control Freaks und Kontrolletis es als Manager selten bis ganz nach oben schaffen: Sie provozieren mit ihrer Kontrollwut viel zu viele Fehler in ihrem Führungsbereich. Erfolgreiche Topmanager dagegen sind nicht an Fehlern interessiert, sondern an Erfolgen. Sie lenken die Aufmerksamkeit auf die Erfolge – deshalb werden sie vom Erfolg belohnt. Dies ist übrigens ein universelles Erfolgsprinzip:

> *Sie ziehen das in Ihr Leben, worauf Sie Ihre Aufmerksamkeit richten.*

Oder wie die Expectancy Psychology es formuliert, die dieses Phänomen untersucht: Expectancies shape experience – Ihre Erwartungen (nicht die Sachzwänge!) formen Ihre Erfahrungen. Erwartungen formen die Realität – nicht umgekehrt! Wenn Sie mit Erwartung A in eine Business-Transaktion gehen, werden Sie mit höchster Wahrscheinlichkeit A ernten. Gehen Sie mit Erwartung B rein, ernten Sie B. Dieses immer wieder überraschende Phänomen kennen Sie vielleicht von der Self-Fulfilling Prophecy: Was man nur selbstverständlich genug erwartet, tritt im Endeffekt auch ein.

Kurz und knapp: Lenken statt bestrafen

- ❑ Bestrafen Sie Fehler nicht – Sie lenken damit die Aufmerksamkeit nur noch stärker auf die Fehler, was weitere Fehler provoziert.
- ❑ Lenken Sie die Aufmerksamkeit stattdessen auf das gewünschte Verhalten.
- ❑ Warten Sie nicht, bis Fehler passieren. Lenken Sie die Aufmerksamkeit von vorne herein auf Ihre Erwartungen.
- ❑ Lenken Sie Ihre und Ihrer Mitarbeiter Aufmerksamkeit auf Erfolge – und Sie werden Erfolge ernten.

Ultrakurzfassung von Kapitel 8	
Unwirksame Manipulation	**Wirksame Manipulation**
Fehler bestrafen	Aufmerksamkeit auf Gewünschtes lenken

9 Manager brechen Widerstände

Überall wird gemauert

Als Manager hat man genug Ärger. Ärger mit der Marktentwicklung, dem Mitbewerb, den überzogenen Jahreszielen, den sägenden Kollegen und dem Druck von oben. Da erwartet man zumindest, dass die eigenen Mitarbeiter „spuren". Dass sie tun, was man ihnen sagt. Pustekuchen. Das erste, was ein Chef hört, wenn er etwas sagt, ist nicht „Jawoll Chef, wird gemacht, Chef!" Das erste, was er hört, sind Widerstände.

Widerstände sind im Führungsalltag nicht die ärgerliche Ausnahme, sondern die traurige Regel. Weist der Chef an „Macht dies und jenes", sagen die Mitarbeiter sofort: „Was soll das bringen?" „Ist das nötig?" „Das haben wir doch schon mal probiert." „Das funktioniert bei uns nicht." „Das bringt uns auch nicht weiter!" „Muss das jetzt sein? Wir sind bis oben hin zu mit Arbeit!" Welche Lieblingssprüche haben Ihre Mitarbeiter drauf? Diese tausend kleinen Widerstände im Alltag sind es, die Führungskräfte zermürben. Sie sind es, die Kraft und den Spaß bei der Arbeit rauben – nicht die eigentliche Arbeit raubt die Kraft! Diese tausend kleinen Nadelstiche sind es, die stressen und in den Burnout treiben.

Dabei sind die kleinen Widerstände im Alltag noch goldig. Ganz schlimm wird es nämlich erst bei Veränderungsprojekten: Reorganisation, Restrukturierung, Neulandprojekte, Einführung neuer IT-Programme, neuer Techniken, neuer Prozesse, Kennzahlen, Berichtsformulare ... Während Sie felsenfest von der absoluten Notwendigkeit der Neuerung überzeugt sind, kommen die Mitarbeiter mit Einwänden wie: „Muss das sein? Es ging doch bislang auch so ganz gut!“ „Das hat Ihr Vorgänger auch schon probiert – das hat damals schon nicht funktioniert.“ Zwar hofft jede Führungskraft, dass die Mitarbeiter tun, was man ihnen sagt. Doch in der Realität sieht die Reaktion eher so aus:

> *Das Drittelgesetz des Wandels: Ein Drittel der Mitarbeiter steht dem Wandel positiv gegenüber, ein Drittel sitzt ihn aus, ein Drittel sabotiert ihn offen oder verdeckt.*

Resultat: Der Wandel scheitert nicht an den Standortnachteilen, der Globalisierung oder der verfehlten Wirtschaftspolitik. Der Wandel scheitert am Widerstand der eigenen Mitarbeiter. Wäre das nicht schon ärgerlich genug, kommt meist noch Druck von oben hinzu. Der eigene Vorgesetzte sagt: „Was ist los bei Ihnen? Machen Sie den Pappenheimern endlich Druck! Setzen Sie den Wandel durch! Wozu habe ich Sie zur Führungskraft befördert?“ Es stresst, wenn Mitarbeiter mauern. Es stresst noch mehr, wenn der eigene Vorgesetzte deshalb Druck macht. Also: Was tun?

Widerstände brechen weckt Widerstände

Es gibt viele Arten, mit Widerständen umzugehen. Eine der beliebtesten ist, den Widerstand zu brechen: „Entweder Sie machen das jetzt oder Sie können mich mal erleben!“ Das Brechen von Widerständen ist selbst für den ungeübten Laien als klare Manipulationsmethode erkennbar: Man versucht mit der

Brechstange, jemanden dazu zu bringen, etwas zu tun, was er von selbst nicht tun möchte. Funktioniert die Manipulation? In der Krise auf jeden Fall. Wenn das Flugzeug abstürzt, muss man als Pilot ein Machtwort sprechen: „Sie machen das jetzt, sonst stürzen wir alle ab!“ Kooperatives Management ist in einer akuten Krise Unfug.

> *Mitarbeiter akzeptieren es in einer akuten Krise, wenn man ihre Widerstände vom Tisch wischt. Sie erwarten teilweise sogar das klärende Machtwort. Sie wollen geführt werden. Steckt man nicht in einer Krise, akzeptieren sie es nicht, wenn Widerstände gebrochen werden.*

Das Problem vieler Manager ist: Sie übersehen die Fallunterscheidung. Sie sprechen das Machtwort unabhängig davon, ob man nun in einer akuten Krise steckt oder nicht. Oder sie proklamieren einfach, dass man in der Krise steckt, während die Mitarbeiter ganz anderer Meinung sind. Resultat: Die Mitarbeiter sind stinksauer, dass man ihre Widerstände einfach so übers Knie bricht.

Sie können zwar akut nicht viel dagegen tun, wenn der Vorgesetzte außerhalb der Krise Widerstände ignoriert. Doch langfristig können Mitarbeiter eine Menge tun. Sie merken sich einfach den Fauxpas und warten geduldig auf ihre Chance, es dem Chef heimzuzahlen. So verbummelte unlängst eine Abteilung das Prestigeprojekt des Abteilungsleiters, nur weil dieser bei Projektstart ihre Widerstände einfach beiseite wischte: „Leute, diskutiert nicht, kommt in die Gänge!“ Natürlich war den Mitarbeitern nichts nachzuweisen: Die Lieferanten hatten zu spät geliefert, einige Entwicklungen waren nicht rechtzeitig fertig geworden. Objektiv war den Leuten nichts vorzuwerfen – doch hinter vorgehaltener Hand sprach jeder im Betrieb es aus: „Die haben den Abteilungsleiter ganz schön ins Messer laufen lassen!“ Resultat: Karriereknick – beim Vorgesetzten, nicht bei den Mitarbeitern!

Nicht nur bei Prestigeprojekten sinnen die „gebrochenen“ Mitarbeiter auf Rache. Das tun sie selbst im normalen Alltag. Wenn Sie die Widerstände eines Mitarbeiters selbst anlässlich einer kleinen Anweisung beiseite schieben, wird dieser Ihnen danach eine Minderleistung vorlegen und auch noch frech behaupten, „dass das nicht funktionieren konnte. Aber das habe ich Ihnen vorher schon gesagt.“

> *Wenn Sie Widerstände brechen, wird der Mitarbeiter Ihnen beweisen, dass er Recht und Sie Unrecht hatten.*

Es versteht sich von selbst, dass er sich dabei nach allen Seiten absichert. Er macht seine Sabotage wasserdicht, unangreifbar, versteckt sie hinter unanfechtbaren Sachzwängen und überraschenden Zufällen, die allesamt beweisen, dass Sie Unrecht hatten, als Sie damals seine Widerstände vom Tisch wischten. Es klingt erschreckend, doch: Der Mitarbeiter sitzt zwar nicht am längeren Hebel – doch er kann Sie im ursprünglichsten Sinne des Wortes kalt von unten sabotieren. Gerade das ist das Kennzeichen guter Sabotage: Sie kommt von unten – wie Haiangriffe auch.

Und warum das alles? Weil die Manipulation nicht funktionierte. Widerstände zu brechen ist selbst für das unbedarfte Auge als Manipulation zu erkennen: Mit ihr soll ein Mitarbeiter explizit dazu gezwungen werden, seine Widerstände einfach aufzugeben. Doch das tut er in aller Regel nicht. Er verlagert seine Widerstände einfach in den Untergrund und sabotiert von dort.

Was bei dieser Manipulationsmethode ständig übersehen wird, sind die Langzeitfolgen. Wenn Sie in eine Abteilung kommen, in der das Arbeitsklima mit Händen greifbar schlecht ist, die Absenz hoch und die Produktivität niedrig, die Mitarbeiter böse auf den Vorgesetzten sind und der Vorgesetzte mit den Nerven runter ist, dann können Sie sicher sein, dass dieser apokalyptische Zustand über Monate und Jahre hinweg durch eine Manipulationsmethode gefördert wurde: Widerstände brechen. Oder wie es ein Bereichsleiter eines Kfz-Herstellers ausdrückt: „Man muss nur lange genug die Widerstände der Mitarbeiter ignorieren, und sie zünden einem das Dach überm Kopf an."

> *Wer lange genug Widerstände bricht, bricht eines schönen Tages den Ast, auf dem er/sie sitzt.*

Der Ast kann dabei die eigene Karriere, die Gesundheit oder einfach nur der Spaß an der Arbeit sein. Widerstände brechen ist eine der Manipulationsmethoden mit den höchsten Kosten, den schlimmsten ungewollten Nebenwirkungen. Um es klar zu sagen: Widerstände brechen ist Krieg mit anderen Mitteln. Und wie in jedem Krieg gilt auch hier: Es gibt keine Gewinner. In einem Krieg verlieren alle. Oder um es in den unsterblichen Worten von John F. Kennedy zu sagen: „Where even the grapes of victory are ashes in your mouth."

Die Holzwege

In der Öffentlichkeit herrscht das cäsarianische Bild vom Manager: Er kommt, sieht und siegt. Widerstände wischt er locker vom Tisch, geht über Leichen. Ein Scharfmacher eben. Die betriebliche Wirklichkeit straft dieses folkloristische Bild Lügen. Die weitaus meisten Vorgesetzten haben die heftigsten Hemmungen davor, sich über die Widerstände der eigenen

Leute mit harter Hand hinweg zu setzen. Chefs wollen geliebt werden, nicht gehasst.

Der Fertigungsleiter eines Lebensmittelherstellers bringt es auf den Punkt: „Ständig über die Widerstände der Leute hinweg zu regieren, kann auf Dauer einfach nicht gutgehen. Aber was ist die Alternative?“ Das ist die Frage. Weil viele Führungskräfte Widerstände eben nicht brechen wollen, versuchen sie

- ihre Mitarbeiter zu überzeugen. Leider ist Überzeugen eine genauso ineffektive Manipulationsmethode (s. Kapitel 1).
- Druck zu machen. Ergebnis? Dito (s. Kapitel 3).
- die Kraft der Vision vor ihren Karren zu spannen. Resultat: Dito (s. Kapitel 4).
- einzuheizen, ebenfalls ohne Erfolg (s. Kapitel 7).

Sie versuchen also, ihre Mitarbeiter mit guten Argumenten zu überzeugen, pädagogisch Druck zu machen oder ihnen einzuheizen, um sie endlich von ihren eigentlich doch unsinnigen Widerständen abzubringen – und am Ende explodieren sie doch und wischen die Widerstände einfach vom Tisch. Eben weil die Alternativen nicht funktionieren! Gibt es keine Alternative, die funktioniert?

Es gibt diese Alternative. Sie ist lediglich wenig bekannt.

Ziele lösen Widerstände

Sicher waren Sie schon mal in einer Abteilung, einem Projektteam oder einer Arbeitsgruppe zu Besuch, in der traumhafte Zustände herrschten: Der Vorgesetzte sagt „Springt!“ und die Mitarbeiter jubeln „Aber gerne! Wie hoch?“ Mitarbeiter, die zu 100 Prozent und mehr „linientreu“ sind, nicht das leiseste Anzeichen von Widerstand erkennen lassen. Wie kommt das? Hat der Vorgesetzte etwa die Widerstände so lange gebrochen, bis sie endgültig gebrochen waren? Wie wir oben sahen, geht das nicht. Widerstände werden immer stärker, je stärker man sie zu brechen versucht: actio = reactio. Das macht die Trotzreaktion.

> *Führungskräfte, deren Mitarbeiter keine Widerstände zeigen, haben diese Widerstände nicht gebrochen, sondern genutzt.*

Diese Führungskräfte benutzen die intelligente Form der Widerstandsbehandlung. Sie fragen nicht: Wie kann ich diesen Widerstand brechen? Sie fragen sich: Wie nutze ich diesen Widerstand für meine Ziele? Dabei hilft ihnen eine Erkenntnis der Kommunikationsforschung:

> *Widerstände gibt es immer nur gegen Maßnahmen, nicht gegen gemeinsame Ziele.*

Zum Beispiel kann es zu heftigen Widerständen kommen, wenn der Vorgesetzte Verfahren X zur Produktivitätssteigerung vorschlägt: „Das geht voll zu Lasten von uns Arbeitnehmern. Das ist unfair. Das bringt doch auch nichts!“ Warum diese Widerstände? Weil der Vorgesetzte eine Maßnahme vorschlägt. Wenn er jedoch vorschlägt, die Produktivität zu steigern, wird er keine Widerstände erleben, denn Produktivität ist ein *Ziel*. Daraus ergibt sich das simple Patentrezept für ein schnelles, einfaches und leichtes Überwinden von Widerständen:

> *Führen Sie Widerstände auf gemeinsame Ziele zurück.*

Praxisbeispiel

„Liebe Mitarbeiter, für die Steigerung unserer Arbeitsproduktivität habe ich mich zur Einführung von Verfahren X entschlossen."
„Warum ausgerechnet Verfahren X? Das taugt doch nicht. Das haben wir doch schon vor zwei Jahren beim Pilotversuch gesehen. Außerdem, warum muss das ausgerechnet jetzt sein, wo wir bis oben hin zu mit anderen Aufgaben sind?"
Bis hierher kennen wir das alle: Der Vorgesetzte macht einen Vorschlag, die Mitarbeiter zeigen Widerstände. Anstatt nun die Widerstände brechen zu wollen (unwirksame Manipulation), führt der Vorgesetzte den Widerstand auf die gemeinsamen Ziele zurück (wirksame Manipulation):
„Moment mal. In der letzten Abteilungsbesprechung waren wir uns doch alle einige, dass unsere Arbeitsproduktivität hoch muss, damit wir mit der Konkurrenz mithalten und unsere Arbeitsplätze behalten können (schöne Manipulation per Pain Development, s. Kapitel 1). Und jetzt sagen Sie mir, dass Sie Verfahren X ablehnen? Dann schlagen Sie mir doch ein anderes Verfahren vor, damit wir unser Ziel erreichen!"

Mit diesem Schachzug haben Sie schon gewonnen. Denn nach diesem Zug bleiben dem Mitarbeiter nur zwei Züge übrig, die Sie beide ans Ziel Ihre Manipulation bringen:

1) Der Mitarbeiter schlägt tatsächlich ein Verfahren vor, das nicht von der Hand zu weisende Vorzüge aufweist. Dann

kann man darüber reden und den sachlichen Hinweis des Mitarbeiters auf realisierbare Vorteile nutzen, um das eigene Verfahren zu verbessern oder eine Mischform der Verfahren zu finden. Das alles ist reine Verhandlungssache, und verhandeln können Manager allemal. Resultat: Die Widerstände werden verhandelt und verschwinden.
2) Viel häufiger jedoch kommt es zu folgender Reaktion: „Äh, hm, wenn Sie mich so direkt fragen – also eine Alternative zu Verfahren X habe ich nicht. Nicht wirklich. Vielleicht ist das Verfahren gar nicht so schlecht. Bevor wir gar nichts machen, machen wir eben Verfahren X!" Das ist die perfekte Manipulation: Nicht Sie sagen dem Mitarbeiter, dass er sich für X entscheiden soll – er überredet sich selber dazu! Besser kann's nicht kommen. Logisch, dass der Mitarbeiter das Verfahren danach motiviert und engagiert unterstützt – schließlich kommt der Vorschlag quasi von ihm!

> *Falls Widerstände auftauchen: Erinnern Sie an gemeinsame Ziele und fordern Sie Taten ein.*

Widerstände nutzen

Viele Manager *bekämpfen* Widerstände. Sie übersehen dabei: Was man bekämpft, intensiviert sich. Wegen der Trotzreaktion der Bekämpften.

> *Widerstände wachsen, wenn man sie bekämpft. Widerstände verschwinden, wenn man sie nutzt.*

Wie kann man Widerstände nutzen? Indem man die Interessen nutzt, die hinter Widerständen verborgen sind.

> *Hinter jedem Widerstand steckt ein Interesse. Finden Sie es, verschwindet der Widerstand.*

Wie finden Sie die hinter Widerständen steckenden Interessen? Indem Sie dem Bedenkenträger zwei Fragen stellen:

1) Was kann schlimmstenfalls passieren, wenn wir das so machen wie ich es vorschlage?
2) Was können wir tun, um das zu verhindern?

An unserem Beispiel durchexerziert:
„Ich weiß, dass wir unsere Produktivität steigern müssen. Ich habe auch keine Alternative zu Verfahren X – aber muss es denn ausgerechnet X sein?“
„Warum? Was befürchten Sie denn, wenn wir X einführen?“
„Dass wir noch mehr Überstunden schieben müssen!“
„Also das verstehe ich. Glauben Sie mir, ich bin auch nicht scharf darauf, noch mehr Abende hier zu verbringen (elegante Manipulation: Aufwertung des Angreifers). Was können wir denn tun, um das zu verhindern?“
„Naja, ohne zusätzliche Überstunden wird es in der Einführung von X nicht abgehen. Aber mir wäre schon wohler, wenn wir pro Woche maximal eine weitere Überstunde hätten und das auch nicht länger als sechs Wochen.“
Danach verhandelt man über diese beiden konkreten Zahlen – der Widerstand ist zu diesem Zeitpunkt längst gebrochen. Wer verhandelt, hat keine Widerstände.

> *Integrieren Sie die Interessen hinter den Widerständen in Ihr Vorhaben.*

Viele Manager befürchten, dass sie dabei ihren Mitarbeitern zu weit entgegenkommen müssen, zu viele Zugeständnisse machen müssen. Das ist eine Befürchtung, nicht Realität. In der Realität gilt nämlich:

> *Mit nur 10 Prozent Zugeständnis holen Sie sich 100 Prozent Zustimmung.*

Mitarbeiter erwarten nicht, dass Sie sie auf Rosen betten. Sie erwarten keine Zugeständnisse. Sie erwarten lediglich Entgegenkommen, Anerkennung, Akzeptanz. Als der Vorgesetzte in unserem Beispiel auch in einer anderen Fertigungsgruppe Verfahren X einführen wollte, ergab sich folgende Diskussion:
„Wir sind einfach nicht bereit, noch mehr Überstunden zu machen. Nicht mal eine halbe Stunde pro Woche. Basta."
„Ich verstehe das gut. Auch ich sehe meine Familie derzeit kaum noch. Ich sehe auf der anderen Seite keine Möglichkeit, wie wir die Einführung ohne Überstunden schaffen sollen. Wie kann ich euch denn anderweitig entgegen kommen?"
Exakt an dieser Stelle brach der Widerstand in sich zusammen. Die Mitarbeiter sagten: „Nee, nun lassen Sie mal. Wenn's nicht anders geht, müssen wir eben in den sauren Apfel beißen." Der Vorgesetzte wäre ihnen gern bei anderen Arbeitsbedingungen entgegen gekommen. Auch das hätte die Widerstände letztendlich gelöst. Doch das war nicht mehr nötig. Die Mitarbeiter wollten nicht, dass der Chef nach ihrer Pfeife tanzt. Sie wollten lediglich, dass er ihre Widerstände anerkennt, akzeptiert – und nicht vom Tisch wischt! Was einen klugen Philosophen zu dem Ausspruch veranlasste: „Man kann nur ändern, was man akzeptiert." Akzeptanz lässt Widerstände verschwinden.

Widerstandsbehandlung für Fortgeschrittene

Möglicherweise haben Sie bereits die hintergründigeren Folgen des Brechens von Widerständen erahnt:

> *Das wirklich Gefährliche am Brechen von Widerständen ist, dass man damit gleichzeitig Engagement und Verantwortung des Mitarbeiters bricht.*

Der Umkehrschluss daraus: Wer seinen Mitarbeitern Passivität und mangelndes unternehmerisches Denken vorwirft, gibt damit lediglich zu, dass er einmal zu oft ihre Widerstände gebrochen hat. Denn wenn Sie einem Mitarbeiter durch die Blume sagen, „Deine Widerstände interessieren mich nicht!", wird dieser Mitarbeiter möglicherweise zähneknirschend das tun, was Sie von ihm verlangen. Doch er wird dabei Dienst nach Vorschrift leisten. Ohne jedes Verantwortungsgefühl.

Brechen Sie Widerstände, verlieren Sie dabei automatisch Engagement und Verantwortungsgefühl des Mitarbeiters. Das Brechen von Widerständen bedeutet immer auch das Brechen von Verantwortung! Nutzen Sie seine Widerstände oder Teile davon, übernimmt der Mitarbeiter auch engagiert die Verantwortung für Ihren Vorschlag.

Hemmungen

Im Grunde ist die korrekte Manipulation herzlich simpel: Statt Widerstände zu brechen, fragt man einfach nach den Befürchtungen, die hinter den Widerständen stecken. Jeder Manager kapiert dieses simple Rezept. Trotzdem wenden es viel weniger Manager an als es verstehen. Warum? Weil Fragen eine Bedrohung der Dominanz ist: „Ein Chef, der seine Mitarbeiter fragt, ist ein Weichei!" So lautet die offizielle Landmeinung.

Im Endeffekt läuft dieses Dilemma wieder auf eine Wahlentscheidung hinaus: Was wollen Sie sein? Ein Macho, der niemals seine Mitarbeiter nie nichts fragt oder ein erfolgreicher Manager? Wollen Sie auf die offizielle Landmeinung hören oder auf Ihren gesunden Menschenverstand? Was wollen Sie im Beruf erreichen? Diktatorische Herrschaft oder Erfolg? Was ist Ihnen mehr wert?

Natürlich macht es hin und wieder Riesenspaß, den Widerstand eines Mitarbeiters wie ein trockenes Stück Brot zu zerbrechen. Nur um ihm zu zeigen, wo der Hammer hängt. Draufhauen macht eben Spaß – wenn man sich ganz bewusst dafür entscheidet. Wenn man aus reinem Reflex immer und bei jedem draufhaut, haut man sich auf Dauer selbst um Kopf und Kragen.

So gesehen ist erfolgreiche Führung einfach die Fähigkeit, sich in jedem Augenblick ganz bewusst entscheiden zu können: Folge ich in diesem Moment meinen Dominanztrieben oder meinem gesunden Menschenverstand? Viele Manager schaffen diese kühle Unterscheidung nicht. Sie werden mehr oder weniger Opfer ihrer niederen Triebe. Manager dagegen, die ihre Achtsamkeit im Alltag so weit trainiert haben, dass sie in jedem Augenblick frei zwischen Trieben und Vernunft entscheiden können, sind die „geborenen“ Leader und Erfolgsmanager. Wie gut ausgebildet ist Ihre Achtsamkeit?

Kurz und kompakt: Widerstände nutzen statt brechen

- ❑ Wer Widerstände bricht, bricht damit auch das Engagement der Mitarbeiter.
- ❑ Wer Widerstände bricht, provoziert Dienst nach Vorschrift und Racheakte.
- ❑ Brechen Sie Widerstände nicht, führen Sie sie ganz einfach auf gemeinsame Ziele zurück. Dann verschwinden sie.
- ❑ Nutzen Sie Widerstände, indem Sie die Interessen hinter den Widerständen in Ihre Vorhaben integrieren.
- ❑ Entscheiden Sie sich bewusst: Möchten Sie Dominanz oder Erfolg?

Ultrakurzfassung von Kapitel 9	
Unwirksame Manipulation	**Wirksame Manipulation**
Widerstände brechen	An Ziele erinnern und Interessen integrieren

Nachwort von Mitarbeitern, die machen, was der Chef sagt

Geben Sie's zu, auch Sie träumen davon: Sie sagen – die machen. Wie Sie zu diesem paradiesischen Zustand kommen, haben Sie auf den zurückliegenden Seiten gesehen. Wie setzen Sie diese Erfolgsrezepte nachhaltig um? Das ist die Frage; die sogenannte Transferfrage.

Dass wir in unserer Wortwahl nicht immer glücklich sind und vor allem blöderweise dann nicht, wenn es besonders darauf ankommt, ist den selbstreflektierten unter uns nur allzu gut bewusst. Dass die alten Sprachmuster und Verhaltensweisen viel zu oft noch durchbrechen, wissen wir auch. Wie kommen Sie zu einer wirklich wirksamen Sprache? Einfach: Sprechen Sie.

So oft es geht. Tun Sie ohnehin? Eben. Aber dann machen Sie bitte nicht den Fehler, den viele Anfänger begehen: „Ab sofort rede ich ganz anders!" Das funktioniert nicht: „Alles sofort anders" machen ist ein garantiertes Misserfolgsrezept. So funktionieren Veränderungen nicht. Nicht in diesem Universum. Man schlägt auf dem Tennisplatz nicht einfach über Nacht lauter Asse, bloß weil man sich das vornimmt. Vorsätze sind gut, Training ist besser. Und fürs Training gilt der eherne Grundsatz:

> *Die schnellstmögliche Veränderung gelingt mit dem kleinstmöglichen Schritt.*

Wählen Sie einen einzigen kleinen Trick, Tipp, ein kleines Rezept aus diesem Buch aus und probieren Sie es bei nächster Gelegenheit aus: Es kann nicht klein genug sein! Wenn Sie die

Erstanwendung tatsächlich bei der überübernächsten Gelegenheit schaffen, ist das bereits ein großer Erfolg (der erste Schritt ist am schwersten und am besten). Dann wiederholen Sie diesen einen kleinen Schritt ein gutes halbes Dutzend Mal in wechselnden Situationen. Warum? Weil jede Veränderung erst danach nachhaltig „sitzt“. Oder wie Cassiodor sagt: Repetitio est mater studiorum. Übung ist die Mutter aller Fähigkeiten. Wo anfangen?

Am besten bei sich selbst. Denn wie Sie bestimmt schon bemerkt haben, manipulieren wir uns selbst natürlich ebenso wenig erfolgreich beim inneren Dialog. Wir versuchen zum Beispiel (s. Kapitel 1) uns selbst zu Dingen zu überreden, obwohl uns nichts weh tut! Deshalb scheitern wir so oft mit unseren guten Vorsätzen: Der zu behebende Missstand tut (noch) nicht weh (genug). Je besser Sie sich selbst führen können, desto besser funktioniert das auch mit anderen. Das lohnt sich. Tatsächlich gibt es kaum eine lohnendere menschliche Fähigkeit.

Hin und wieder treffen Sie Menschen, die so reden können, dass sie bekommen, was sie wollen: Erfolg, Karriere, Familienglück, Zufriedenheit. Sprache ist das wirksamste Werkzeug des modernen Menschen. So eine überlegene Sprache zu trainieren ist das Beste, was Sie für sich tun können. Sie können das selbst für sich tun – oder Sie können sich dabei helfen lassen. Mit einem guten Coach geht‘s schneller – und angenehmer. Wenn ich Sie dabei unterstützten kann, mache ich das gerne.

Matthias Wölkner
www.woelkner.de

Bettgeschichten für Manager

Den alltäglichen Wahnsinn beherrschen

Es ist nicht leicht, eine Führungskraft zu sein (oder werden zu wollen). Der Druck, der Stress, die Zeitnot ... „Die einzige Zeit, die ich wirklich für mich habe, sind die paar Minuten vor dem Einschlafen", verrieten mir viele Managerinnen und Manager. Eine Idee war geboren! Denn viele der Fachbeiträge, die ich übers Jahr unters Führungsvolk streue, fanden so große Resonanz, dass Manager aller Hierarchieebenen inständig um eine gebundene Veröffentlichung in Buchform baten: Bitteschön! Nehmen Sie den Titel ruhig wörtlich und dies Büchlein mit ins Bett (wenn's die Partnerin/der Partner zulässt). Vor dem Einschlafen kommen einem die besten Ideen. Zum Beispiel, wie Sie nervende Chefs von unten führen, wie Sie Kritik-Walzer tanzen, warum Attributionsmuster (und nicht Geld, Sex oder schnelle Autos) glücklich machen, was Ihre Mitarbeiter wirklich über Sie denken, wie Sie aus dem Hamsterrad ausbrechen oder wie Sie meckernden Mitarbeitern mächtig das Maul stopfen. All das und viel mehr finden Sie augenzwinkernd zwischen diesen beiden Buchdeckeln. Damit Sie jede Nacht mindestens ein unvergessliches Erlebnis haben.

ISBN 978-3-937677-04-0
Preis: 29,00 €
www.d-k-verlag.de

DEUTSCHER KOMMUNIKATIONS VERLAG

Neue Bettgeschichten für Manager

Und ist es nicht Wahnsinn, so ist es wenigstens gut bezahlt

Darf Führen Spaß machen? Aber ja! Vor allem in der Nacht. Der erste Band der Bettgeschichten für ManagerInnen und andere Schwerarbeiter hat unter deutschsprachigen Bettdecken derart viel Vergnügen hervorgerufen, dass der Ruf aus den Schlafzimmern nach „Mehr!" dem Autor Verpflichtung war. Womit übrigens auch empirisch erhärtet wäre, was ManagerInnen nachts wirklich treiben: Sie lassen sich verführen. Zum Lesen. Dass deshalb auch nur eine(r) auf anderweitige bettbezogene Vergnügungen verzichtet, erscheint eher unwahrscheinlich und lässt nur einen Schluss zu: Was Sie in Händen halten, ist ein äußerst wirksames und darüber hinaus rezeptfreies Aphrodisiakum. Wenn Sie marodierende Vorgesetzte, mauernde Mitarbeiter, strangulativer Stress und knallharter Leistungsdruck bislang nachts eher wach hielten, atmen Sie auf: Sie werden fortan nicht nur drüber lachen und besser schlafen können. Sondern am Morgen danach die Herausforderungen meistern, wie Sie es bislang nur zu träumen gewagt hatten.

ISBN 978-3-937677-05-7
Preis: 27,50 €
www.d-k-verlag.de

DEUTSCHER KOMMUNIKATIONS VERLAG

Mehr Erfolg am Counter

Reisen besser und schneller verkaufen

Mehr Spaß am Counter? Und dazu noch mehr Erfolg, mehr Umsatz, zufriedenere Kunden (und Vorgesetzte), schnellere und angenehmere Beratungsgespräche? Geht das denn zusammen? Tatsächlich, es geht, und zwar mit einer professionellen Gesprächsführung. Dabei müssen Sie noch nicht einmal in die psychologische Manipulationskiste greifen - im Gegenteil! Am erfolgreichsten ist immer noch eine ganz natürliche, menschliche, fließende, aber gesprächstechnisch professionell geführte Kundenberatung. Das Geheimnis von Spaß und Erfolg hinterm Counter sind die Urlaubsmotive des Kunden: Was erwartet er von seinem Urlaub? Wer sich an diese Motive hält, dem/der ist der Erfolg, der Spaß und die Dankbarkeit des Kunden (und des Vorgesetzten) sicher.

Wo bleiben die Kunden?

Modernes Reisebüro-Marketing

Internet, Reise-TV, Call Center, Aldi, Lidl und andere alternative Vertriebswege machen den Reisebüros landauf landab das Leben schwer. Viele kämpfen um ihre Existenz. Erfahrene Büroleiter und Agenturinhaber wissen zwar, dass ein modernes Reisebüro-Marketing sie retten und zu ungeahnten Erfolgen könnte, doch: „Ich habe keine Zeit für ein Marketingstudium – und externe Marketing-Experten sind viel zu teuer!" Alles Unfug! Für ein professionelles Marketing benötigen Sie weder Studium noch Experten. Alles, was Sie dafür benötigen, haben Sie bereits im Kopf oder in Händen: Ihren gesunden Menschenverstand und diese pragmatische, tausendfach praxisgetestete Anleitung von Praktikern für Praktiker. Viel Spaß und Erfolg dabei!

ISBN 978-3-937677-03-3
Preis: 24,80 €
www.d-k-verlag.de

DEUTSCHER KOMMUNIKATIONS VERLAG